全国技工院校工业机器人应用与维护专业教材（高级技能层级）

工业机器人
仿真设计（FANUC）

林东峰　主编

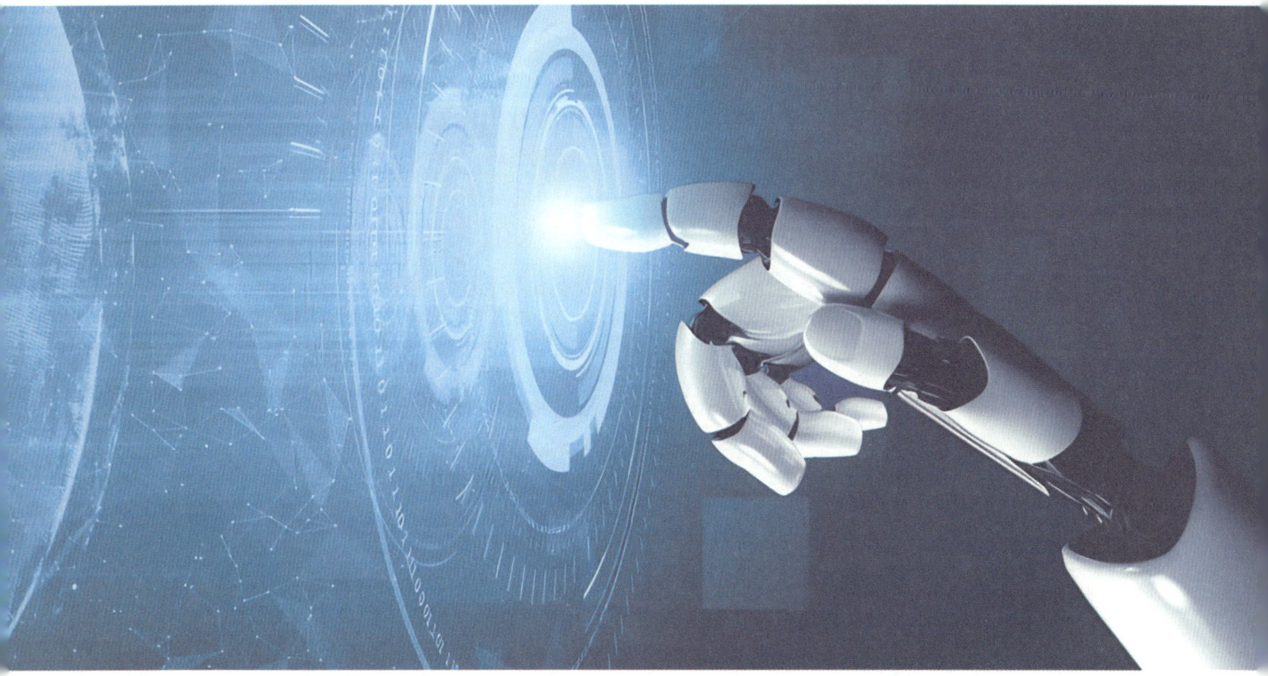

中国劳动社会保障出版社

简介

本书主要内容包括 ROBOGUIDE 软件的安装、ROBOGUIDE 软件的基础操作、工业机器人虚拟仿真工作单元的构建、使用 ROBOGUIDE 软件编程、用 ROBOGUIDE 软件实现抓取和摆放工件、在 ROBOGUIDE 软件中运用 2D 视觉进行位置补偿和 ROBOGUIDE 软件的综合应用。

本书由林东峰任主编，杨杰忠、秦勇坚任副主编，赵月辉、李治彬、韦玉秋、余璐瑶参与编写，张扬吉任主审。

图书在版编目（CIP）数据

工业机器人仿真设计：FANUC / 林东峰主编. -- 北京：中国劳动社会保障出版社，2024

全国技工院校工业机器人应用与维护专业教材. 高级技能层级

ISBN 978-7-5167-6308-7

Ⅰ. ①工…　Ⅱ. ①林…　Ⅲ. ①工业机器人 - 仿真设计 - 高等职业教育 - 教材　Ⅳ. ①TP242.2

中国国家版本馆 CIP 数据核字（2024）第 094144 号

中国劳动社会保障出版社出版发行

（北京市惠新东街 1 号　邮政编码：100029）

*

保定市中画美凯印刷有限公司印刷装订　　新华书店经销

787 毫米 ×1092 毫米　16 开本　7.5 印张　159 千字

2024 年 6 月第 1 版　　2024 年 6 月第 1 次印刷

定价：19.00 元

营销中心电话：400-606-6496

出版社网址：http://www.class.com.cn

http://jg.class.com.cn

前言

近年来，随着《“十四五”机器人产业发展规划》等国家发展战略以及地方系列扶持政策的出台和实施，工业机器人产业作为我国大力推进创新和产业化的新兴前沿领域，持续保持较快发展态势，中国已经成为全球工业机器人第一大市场。

工业机器人产业的快速发展需要大量的高素质技术技能人才作为支撑，各技工院校相继开设了工业机器人应用与维护等相关专业，以培养符合市场需求的从事工业机器人装调、操作、仿真及维护等工作的技能型人才。为了满足全国技工院校教学要求，全面提升教学质量，我们组织全国有关学校的教师和行业、企业专家，在充分调研企业用人需求和学校教学情况、吸收借鉴各地技工院校教学改革的成功经验的基础上，根据人力资源社会保障部颁布的《全国技工院校专业目录》及相关教学文件，开发了本套全国技工院校工业机器人应用与维护专业教材。

本次教材开发工作的重点主要体现在以下几个方面：

合理构建教材体系

在技工院校电工类专业通用基础课程教材平台上，重点开发对应工业机器人装调、操作、仿真与维护岗位的专业核心课程教材。

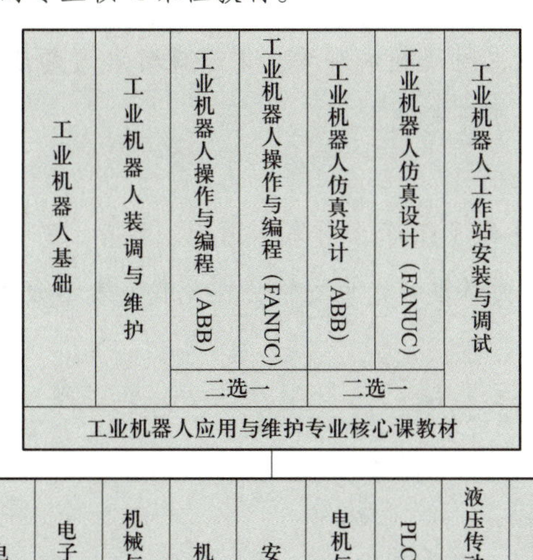

突出职业教育特色

坚持以能力为本位，突出职业教育特色。选取企业代表性工作任务进行教学转化，根据技工院校学生认知规律，以完成具体工作任务为主线组织教材内容，将理论知识的讲解与工作任务载体有机结合，激发学生的学习兴趣，提高学生的实践能力。同时，在教材中突出对学生创新意识和创新能力的培养。

科学设计教材内容

以《工业机器人系统操作员国家职业技能标准》《工业机器人系统运维员国家职业技能标准》等为依据，根据工业机器人应用与维护专业毕业生就业岗位的实际需要和教学实际情况，合理确定学生应具备的能力和知识结构，设计教材的深度、难度和广度；根据相关领域的最新发展，在教材中充实新材料、新工艺、新技术、新方法等“四新”内容；根据最新的国家标准、行业标准编写教材，保证教材内容的科学性和规范性。

丰富教材表现形式

为了使教材内容更加直观、形象，教材使用大量的高质量照片或仿真图片来详尽地展示任务操作步骤，以便学生更直观地理解和掌握所学内容，符合学生的认知规律；部分教材采用彩色印刷，图文并茂，增强了教材内容的表现效果，提高了教材的可读性。

提供丰富教学资源

为方便教师教学和学生学习，配套开发习题册、电子课件和习题册参考答案等教学资源。除此之外，还针对教材中的重点、难点内容，开发制作了操作演示微视频，可使用移动设备扫描书中二维码在线观看。电子课件和习题册参考答案可通过技工教育网（http://jg.class.com.cn）下载使用。

致谢

本次教材编写工作得到了江苏、山东、河南、湖南、广东、广西等省（自治区）人力资源社会保障厅及有关学校的大力支持，在此我们表示诚挚的谢意。

编者

2023年12月

目录

项目一　ROBOGUIDE软件的安装

学习目标

1. 能叙述 ROBOGUIDE 软件的主要功能。
2. 能叙述 ROBOGUIDE 软件的安装方法。
3. 能独立完成 ROBOGUIDE 软件的安装。

工作任务

ROBOGUIDE 软件具有模拟真实示教器的功能。在软件中模拟出真实的使用环境并进行编程，然后将做好的项目直接下载到现场的控制器中，即可实现对工业机器人的控制。本任务的主要目标是初步认知 ROBOGUIDE 软件，掌握 ROBOGUIDE 软件的安装方法，并能按照 ROBOGUIDE 软件的安装方法独立完成软件的安装。

相关知识

一、ROBOGUIDE 软件简介

ROBOGUIDE 是一款 FANUC 自带的支持工业机器人系统布局设计和动作模拟仿真的软件，可以在不使用真实工业机器人的情况下高效地设计工业机器人系统，可以进行工业机器人干涉性、可达性的分析和系统的节拍估算与优化，还能自动生成工业机器人的离线程序、进行工业机器人故障诊断和程序优化等。

1. 系统搭建

ROBOGUIDE 提供了一个 3D 的虚拟空间和便于系统搭建的 3D 模型库，模型库中包含 FANUC 工业机器人的数模、工业机器人周边设备的数模以及一些典型工件的数模。ROBOGUIDE 可以使用自带的 3D 模型库，也可以从外部导入 3D 数模进行系统搭建。

2. 方案布局设计

系统搭建完毕后，需要验证方案布局的合理性。ROBOGUIDE 能够通过显示工业机器人的可达范围，确定工业机器人与周边设备摆放的相对位置，保证可达性的同时有效地避免了干涉。此外，ROBOGUIDE 还可以对工业机器人进行示教，使工业机器人远离限位位置，保持良好的工作姿态。

3. 干涉性、可达性分析

在 ROBOGUIDE 仿真环境中，可以通过调整工业机器人和工件的相对位置来确保工业机器人对工件的可达性。工业机器人运动过程中的干涉包括工业机器人与夹具的干涉、工业机器人与安全围栏的干涉、工业机器人与其他周边设备的干涉等。ROBOGUIDE 的碰撞冲突功能可以自动检测工业机器人运动时的干涉情况。

4. 节拍估算与优化

ROBOGUIDE 仿真环境下可以估算并且优化节拍。ROBOGUIDE 可以根据工业机器人的运动速度、工艺因素和外围设备的运行时间进行节拍估算，并通过优化工业机器人的运动轨迹来优化节拍。

5. 离线编程

可以通过 ROBOGUIDE 的离线编程功能自动地生成离线程序，然后将其导入真实的工业机器人控制器中，这将大大减少操作人员的现场工作时间，有效地提高工作效率。

总之，ROBOGUIDE 贯穿于系统方案设计与分析、项目实施的整个过程，是工业机器人应用领域工程技术人员不可或缺的工具。

二、ROBOGUIDE 软件安装

ROBOGUIDE 软件的安装方法如下：

1. 找到并双击软件安装程序，显示软件安装界面，如图 1–1 所示。

2. 单击图 1–1 中的“Next”，弹出图 1–2 所示的“ROBOGUIDE Setup-License Agreement”对话框，单击“Yes”。

3. 弹出“ROBOGUIDE Setup-Choose Destination Location”对话框，单击“Browse”，选择软件安装目录之后单击“Next”，如图 1–3 所示。

4. 弹出“FANUC ROBOGUIDE-Check which Process Plug-ins to install”对话框，在对话框中选择要安装的程序插件，建议全部勾选，然后单击“Next”，如图 1–4 所示。

图 1-1 软件安装界面

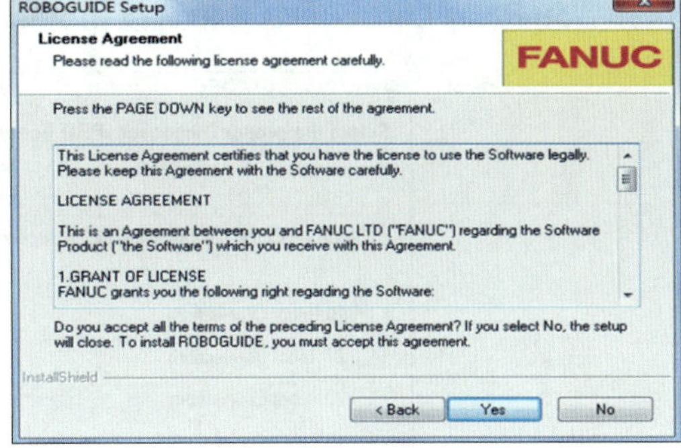

图 1-2 “ROBOGUIDE Setup-License Agreement”对话框

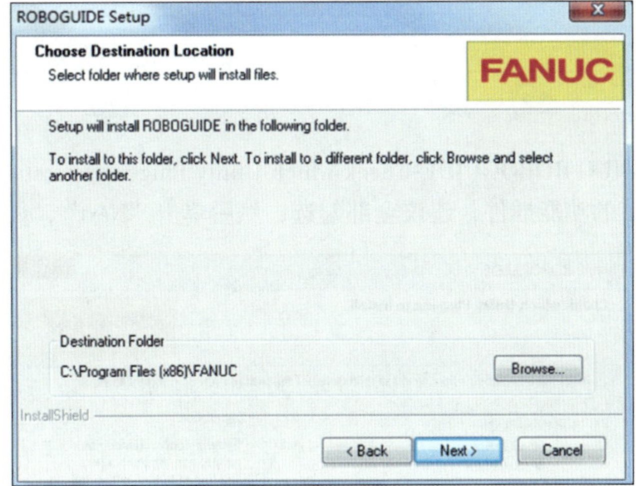

图 1-3 选择安装路径

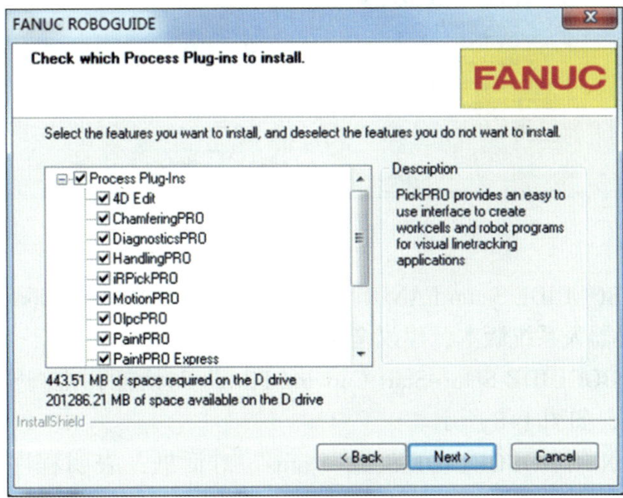

图 1-4 选择程序插件

5. 弹出“FANUC ROBOGUIDE-Select the proper DiagnosticsPRO license”对话框，选择“50 Robot Connections”单选按钮，如图 1-5 所示。

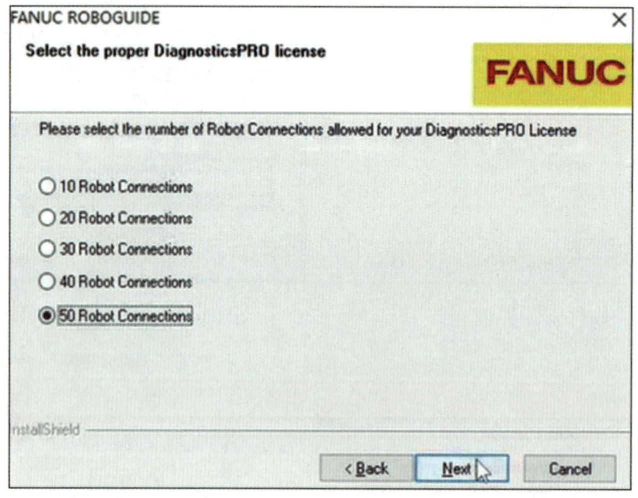

图 1-5　选择“50 Robot Connections”单选按钮

6. 弹出“FANUC ROBOGUIDE-Check which Utility Plug-ins to install”对话框，在对话框中选择要安装的功能插件，建议全部勾选，然后单击“Next”，如图 1-6 所示。

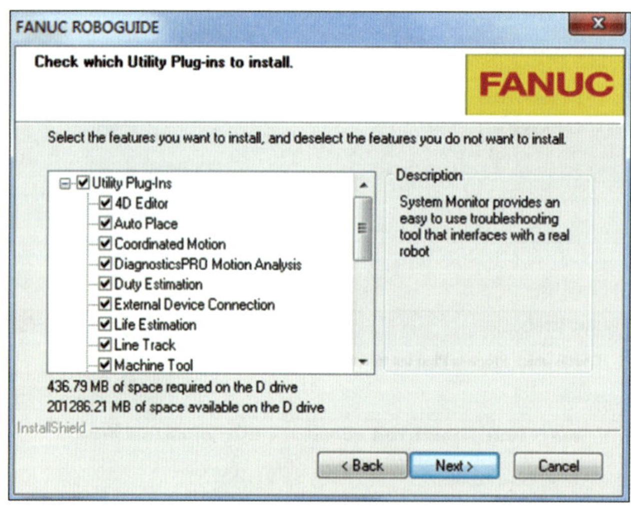

图 1-6　选择功能插件

7. 弹出“ROBOGUIDE Setup-FANUC Robotics Virtual Robot Selection”对话框，选择要安装的虚拟工业机器人系统版本，建议全部勾选，然后单击“Next”，如图 1-7 所示。

8. 弹出“ROBOGUIDE Setup-Start Copying Files”对话框，检查安装信息，确认无误后单击“Next”，如图 1-8 所示。

9. 弹出“FANUC ROBOGUIDE-Setup Status”对话框，表明程序正在安装中，如图 1-9 所示。

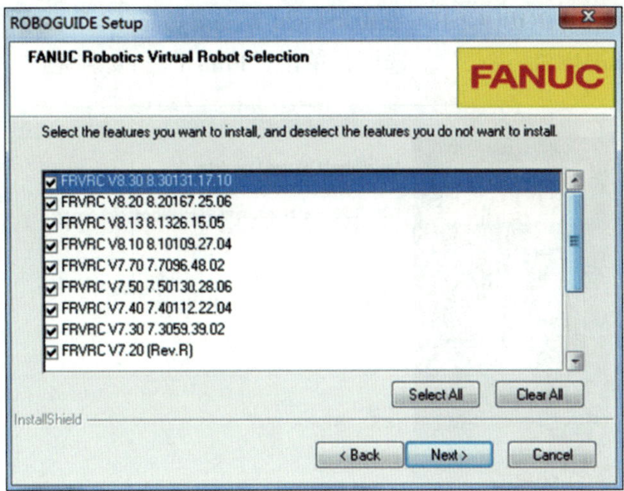

图 1-7　选择应用版本

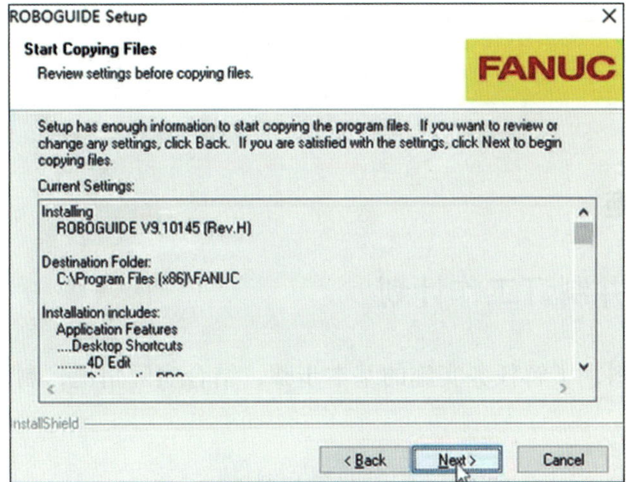

图 1-8　检查安装信息

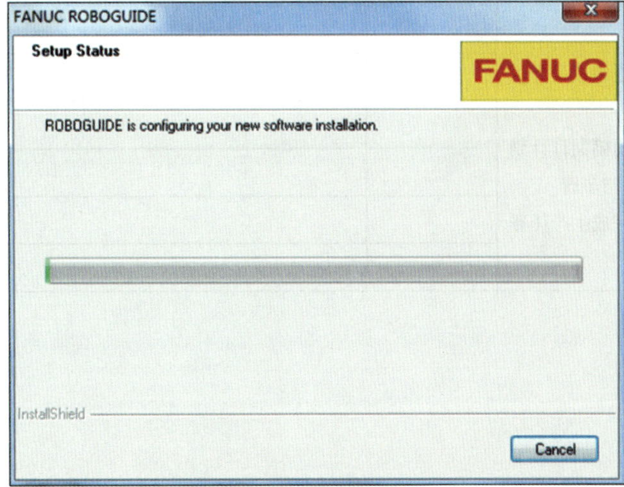

图 1-9　程序安装中

10. 弹出“FANUC ROBOGUIDE-InstallShield Wizard Complete”对话框，勾选“Yes，I want to view the ReadMe file now.”复选框，单击“Finish”，安装完成，如图 1–10 所示。

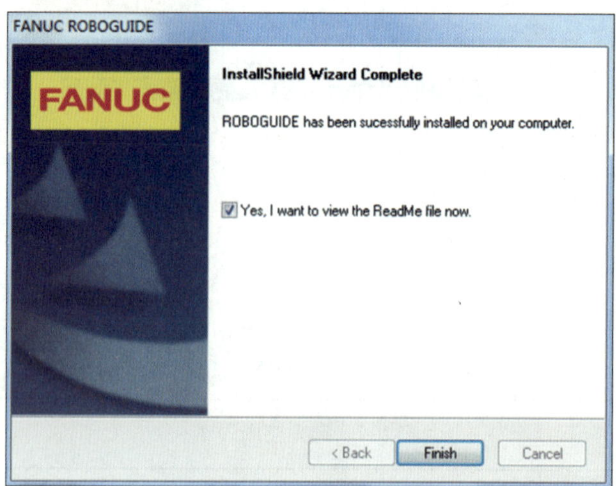

图 1–10　安装完成

任务实施

一、分组并制订工作计划

查阅相关资料，了解任务实施的基本步骤，结合实际情况，制订小组工作计划，完成表 1–1。

表 1–1　小组工作计划

<table>
<tr><th>任务名称</th><th>目标要求</th><th>组员姓名</th><th>任务分工</th><th>备注</th></tr>
<tr><td rowspan="6"></td><td rowspan="6">1. 小组成员分工合作
2. 明确制订计划的方法与步骤
3. 完成生产任务</td><td></td><td></td><td>组长</td></tr>
<tr><td></td><td></td><td></td></tr>
<tr><td></td><td></td><td></td></tr>
<tr><td></td><td></td><td></td></tr>
<tr><td></td><td></td><td></td></tr>
<tr><td></td><td></td><td></td></tr>
<tr><td>完成任务的方法与步骤</td><td colspan="4"></td></tr>
</table>

二、准备外围设备、工具

为完成工作任务，每个工作小组需要向工作站内仓库工作人员提供借用工具、设备清单，见表 1–2。

表 1–2　借用工具、设备清单

序号	名称	型号规格	数量	归还时间	学生签名	管理员签名
1	编程计算机	CPU：I5 或以上 内存：2GB 或以上 硬盘：剩余内存 20GB 以上 显卡：独立显卡 操作系统：Windows7 或以上	1 套			
2	编程软件	ROBOGUIDE	1 套			
3	FANUC ROBOGUIDE 操作手册		1 本			

三、任务实施

按照 ROBOGUIDE 软件的安装与操作方法进行以下练习：

1. 将 ROBOGUIDE 仿真软件安装到计算机的 C 盘。
2. 尝试打开软件，检验软件是否安装成功。

记录进行 ROBOGUIDE 软件安装操作过程中遇到的问题，并提出解决方法，填入表 1–3。

表 1–3　ROBOGUIDE 软件安装操作练习情况记录表

遇到的问题	解决方法

任务测评

对任务实施的完成情况进行检查，并将结果填入表 1–4。

表 1–4　　任务测评表

班级： 小组： 姓名：		指导教师： 日期：				
评价项目	评价标准	评价依据	评价方式			得分小计
			学生自评（20%）	小组互评（30%）	教师评价（50%）	
职业素养（30 分）	1. 遵守企业规章制度、劳动纪律 2. 按时按质完成工作任务 3. 积极主动承担工作任务，勤学好问 4. 保障人身安全与设备安全 5. 工作岗位 6S 完成情况良好	1. 出勤情况 2. 工作态度 3. 劳动纪律 4. 团队协作精神				
专业能力（50 分）	1. 能正确叙述 ROBOGUIDE 软件的主要功能 2. 能正确叙述 ROBOGUIDE 软件的安装方法 3. 能按照 ROBOGUIDE 软件的安装方法独立完成软件的安装	1. 操作的准确性和规范性 2. 专业技能任务的完成情况				
创新能力（20 分）	1. 能在任务完成过程中提出有一定见解的方案 2. 能在教学或生产管理方面提出建议，具有创新性	1. 方案的可行性及意义 2. 建议的可行性				
合计						

项目二　ROBOGUIDE软件的基础操作

学习目标

1. 能叙述 ROBOGUIDE 工作单元的新建方法。
2. 能叙述 ROBOGUIDE 软件的界面组成及常用工具按钮的功能。
3. 能叙述 ROBOGUIDE 软件中示教器的使用、工业机器人的相关功能等常用功能。
4. 能完成 ROBOGUIDE 工作单元的新建。

工作任务

本任务的主要目标是初步认知 ROBOGUIDE 仿真软件，掌握新建工作单元（Workcell）的方法，熟悉 ROBOGUIDE 仿真软件的界面、常用工具按钮和常用功能，并能在教师的指导下，分组进行工业机器人工作单元的创建操作练习。

相关知识

一、新建 Workcell

新建 Workcell 的步骤如下：

1. 程序创建。双击软件图标，打开 ROBOGUIDE，显示界面如图 2–1 所示。界面内会显示最近使用过的 Workcell，可以快捷地打开。也可以通过单击界面左下方的“新建工作单元”和“打开工作单元”新建或打开已有的 Workcell。

2. 进程选择。单击“新建工作单元”，弹出图 2–2 所示的“工作单元创建向导”对话框，在“1. 进程选择”中选择仿真项目的类型（分为打磨、搬运、基础、码垛、弧焊），此处选择“HandlingPRO”，单击“下一步”。

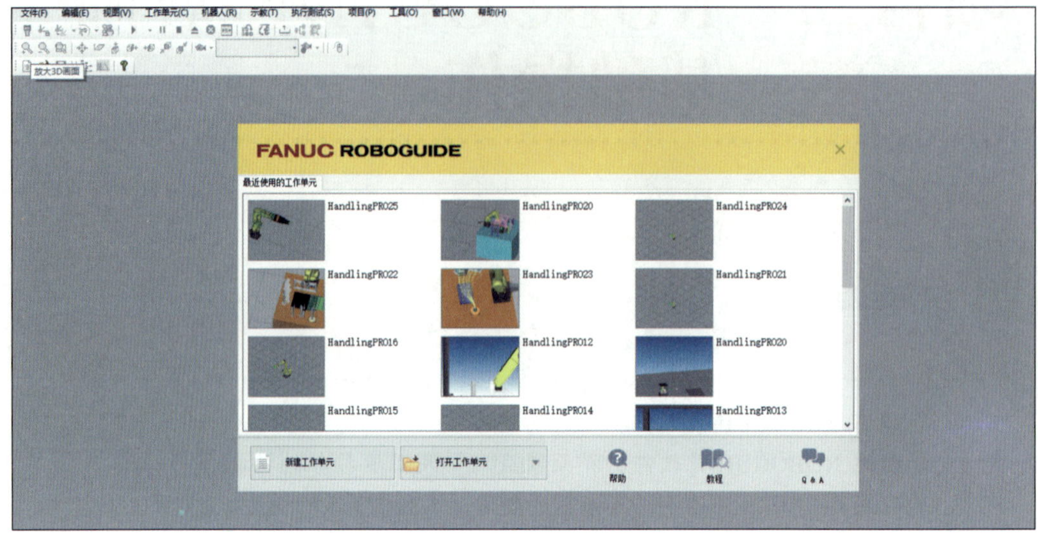

图 2-1　程序创建界面

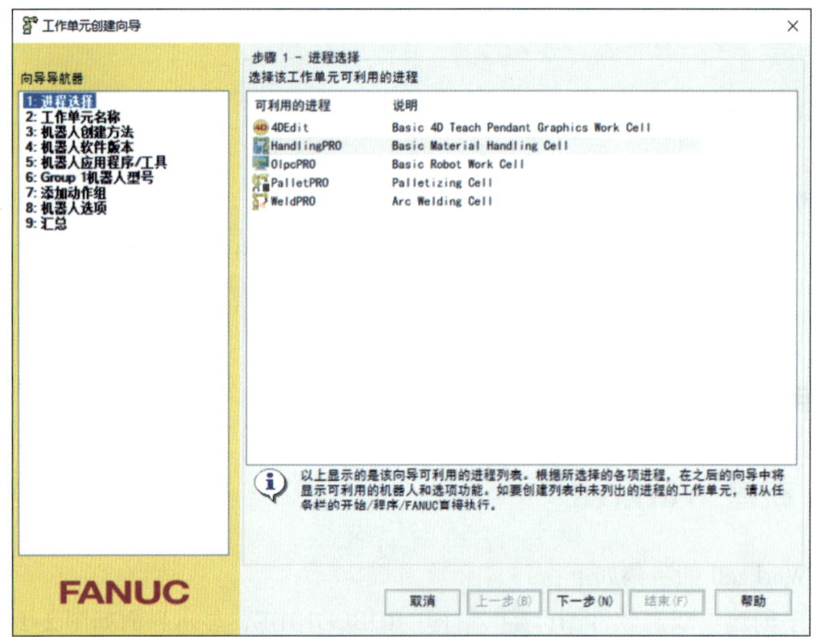

图 2-2　“工作单元创建向导”对话框

3. 工作单元的命名。在“工作单元创建向导”对话框的“名称”栏中输入文字即可对工作单元进行命名，如图 2-3 所示。命名完成后，单击“下一步”。

4. 机器人的创建。选择“工作单元创建向导”对话框中的“新建”单选按钮，如图 2-4 所示，创建一个新的机器人，单击“下一步”。

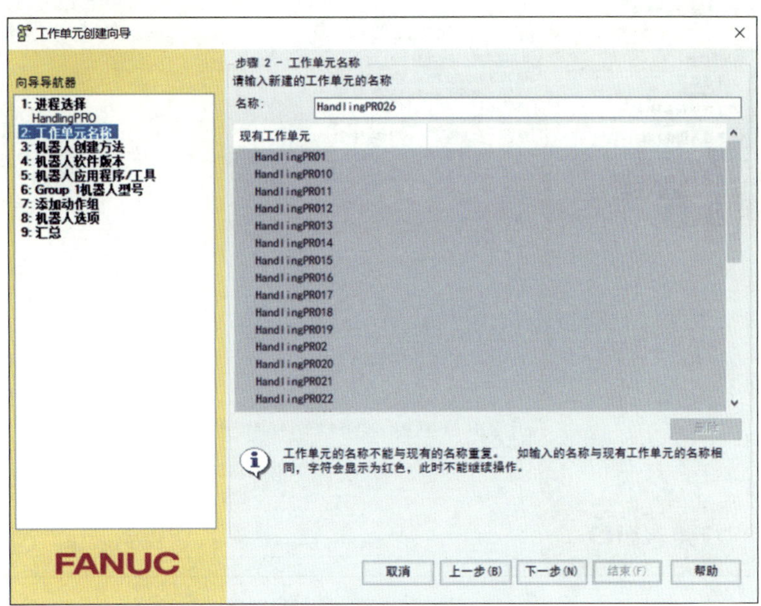

图 2-3　工作单元的命名

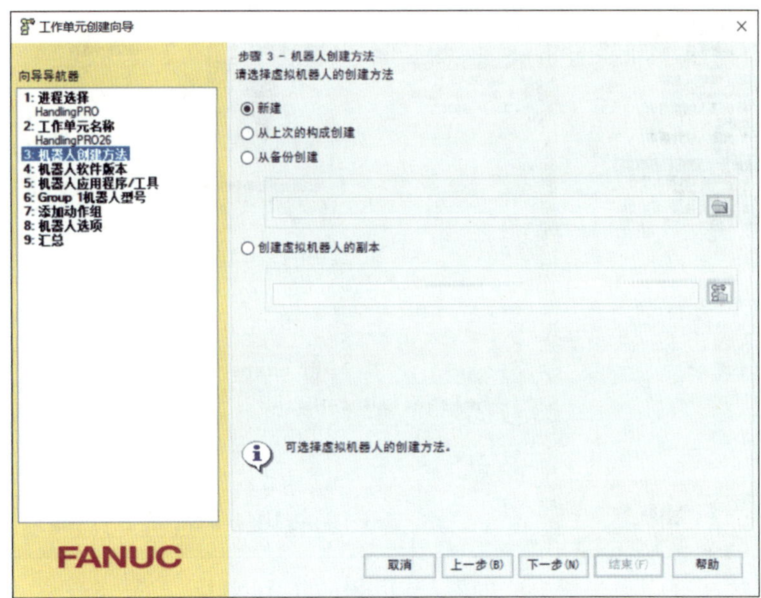

图 2-4　机器人的创建

5. 机器人软件版本的选择。选择机器人的软件版本，通常选择最高版本，如图 2-5 所示，单击“下一步”。

6. 机器人应用程序 / 工具的选择。根据项目需要，在图 2-6 所示的界面中选择对应的应用程序 / 工具，图中 5 个应用程序 / 工具分别为：搬运软件包、LR 机器人搬运软件包、LR 机器人基础软件包、MATE 柜点焊软件包和点焊软件包，然后单击“下一步”。

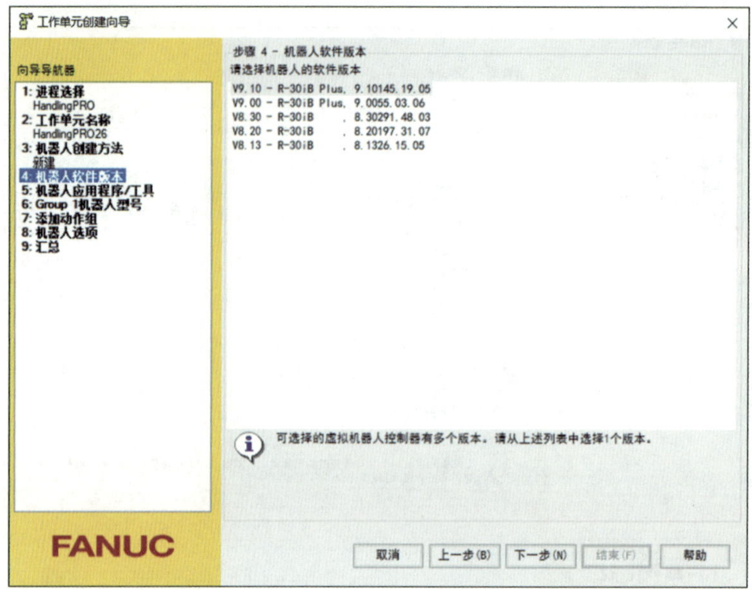

图 2-5　机器人软件版本的选择

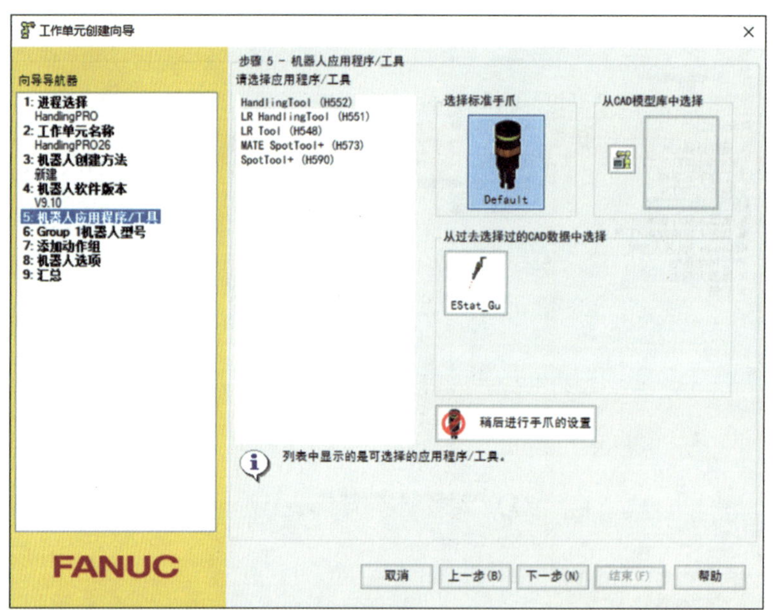

图 2-6　机器人应用程序 / 工具的选择

7. 机器人型号的选择。在图 2-7 所示界面的列表中选择仿真所用的机器人型号，这里几乎包含了所有的机器人类型。如果选型错误，可以在创建之后再进行更改。确认选型后单击“下一步”。

8. 动作组的添加。在图 2-8 所示界面中添加附加设备，可以选择在同一个控制器中继续添加额外的机器人（也可在建立 Workcell 之后添加），还可添加 Group2 ~ 8 的设备（如变位机），确认后单击“下一步”。此处需要注意以下几点：

（1）添加 Group2 ~ 8 的设备时需要依次添加，不能跳组。

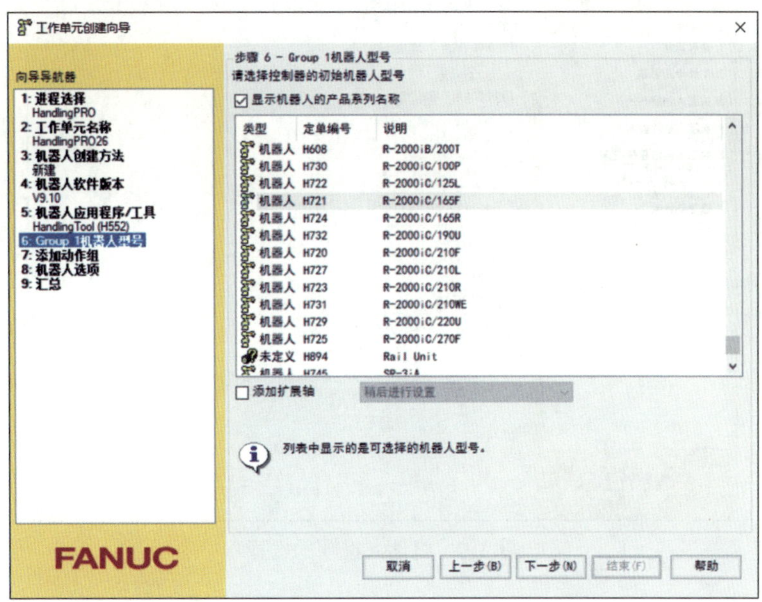

图 2–7　机器人型号的选择

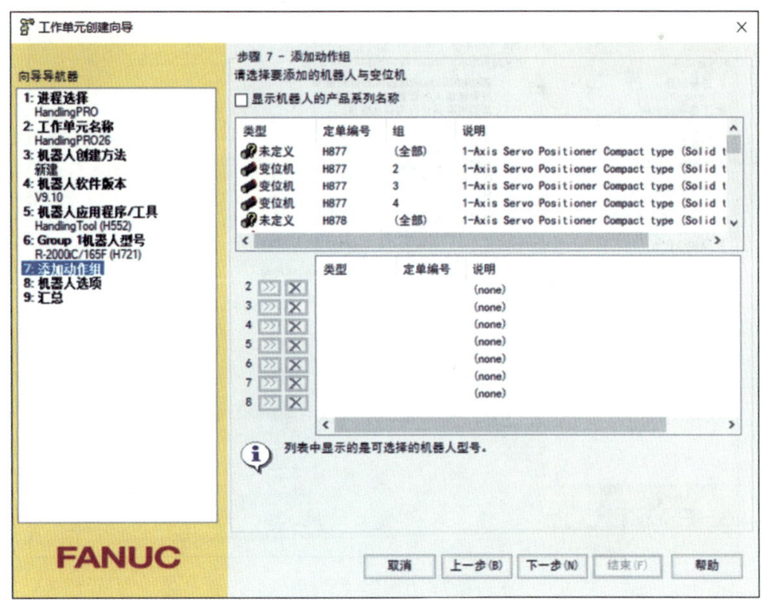

图 2–8　动作组的添加

（2）在列表中选择变位机等设备时，若设备信息中带有添加组限制，则该设备只能添加在限制的对应组内。

9. 机器人选项的选择。在图 2–9 所示界面中可以添加各种类型的软件功能，将它们用于仿真。常被添加的功能包括搬运中的附加轴控制，码垛、点焊中的伺服枪设置，弧焊中的协同等。单击“语言”选项卡可以设置语言环境，默认为英文，还可选择中文、日文等。确认选项后，单击“下一步”。

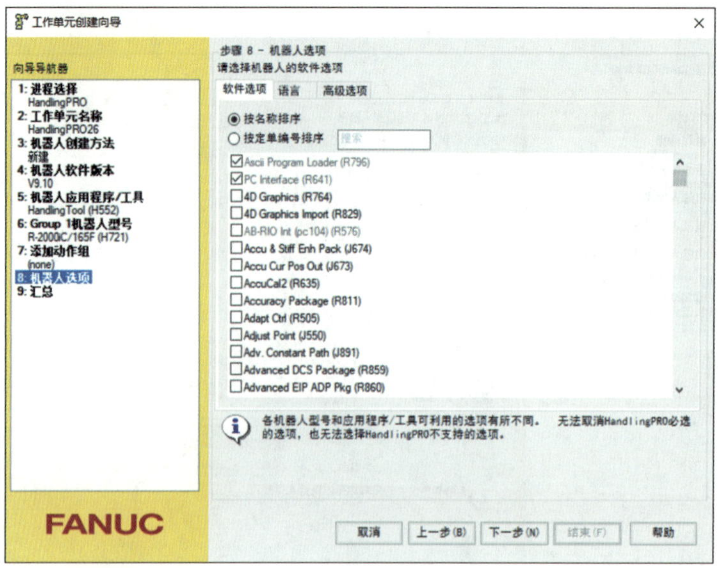

图 2-9 机器人选项的选择

10. 汇总信息的查看。汇总信息如图 2-10 所示，单击“结束”完成工作单元的创建。

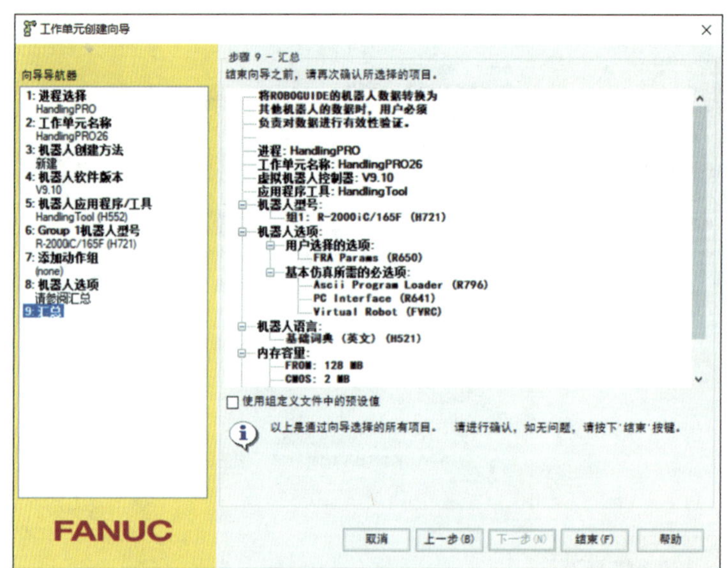

图 2-10 汇总信息

二、软件界面和常用工具按钮

1. 软件界面

Workcell 新建完成后，显示图 2-11 所示的 ROBOGUIDE 软件界面，软件界面主要由菜单栏、工具栏、目录树和仿真区域组成。画面的中心为创建 Workcell 时选择的机

器人，机器人模型的原点（单击工业机器人后可出现绿色坐标系）为此工作环境的原点。工业机器人下方地板的默认尺寸为 20 m × 20 m，每个小方格为 1 m × 1 m。这些参数可以修改，具体方法为：右击“HandlingPRO Workcell”，弹出图 2-12 所示的快捷菜单，选择“工作单元‘Handling PRO25’属性”，然后弹出图 2-13 所示的对话框，选择“3D 空间”选项卡，即可设置地板的尺寸、颜色等参数。

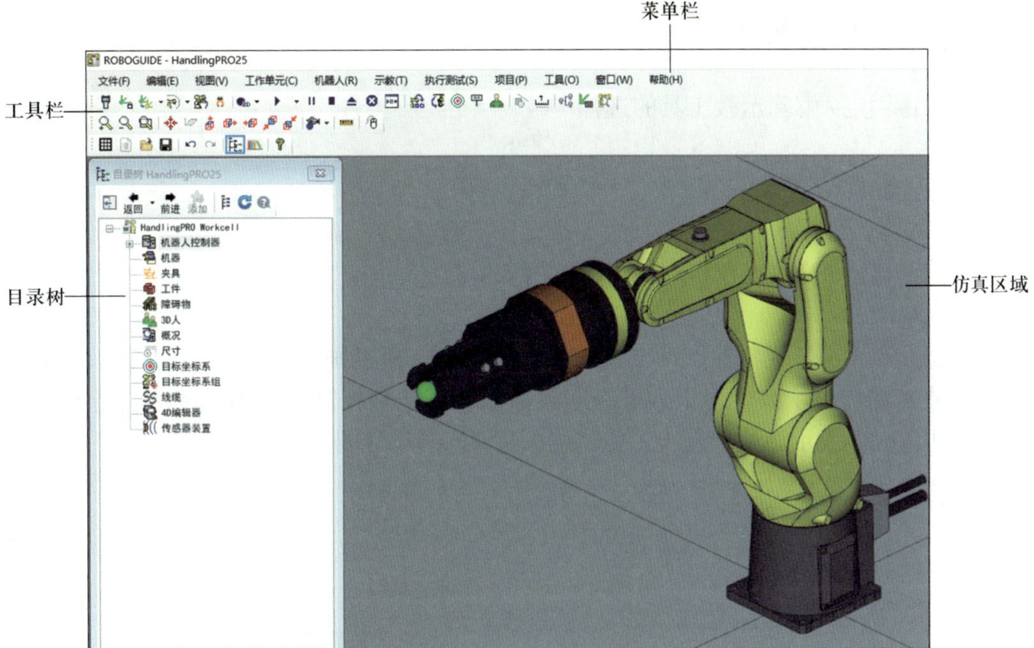

图 2-11 ROBOGUIDE 软件界面

图 2-12 弹出快捷菜单

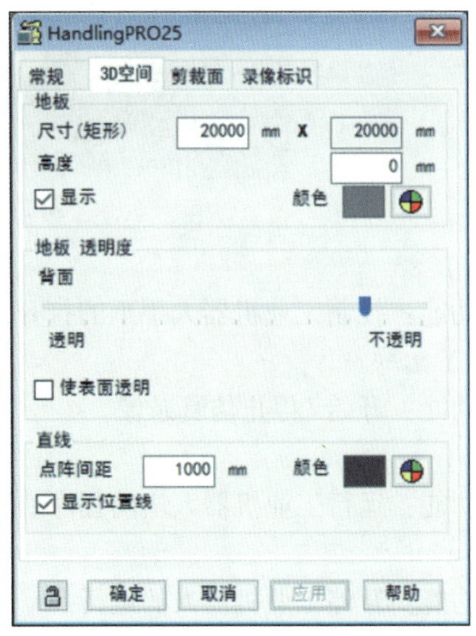

图 2-13 地板参数设定

2. 常用工具按钮

ROBOGUIDE 软件的工具栏提供了工业机器人虚拟仿真过程中常用的工具按钮，用户可以方便、快捷地使用这些工具。

（1）

1）

功能：显示 / 隐藏示教器（TP）。

2）

功能：锁定 / 解除示教工具的选择。

3）

功能：MoveTo 重试

4）

功能：显示 / 隐藏工业机器人动作范围。

5）

功能：显示 / 隐藏各轴点动工具，单击该按钮，显示画面如图 2–14 所示。工业机器人六轴处都会显示绿色标记，可以用鼠标拖动标记来控制对应轴的转动。当绿色标记变为红色时，表示该位置超出工业机器人运动范围，工业机器人无法达到。

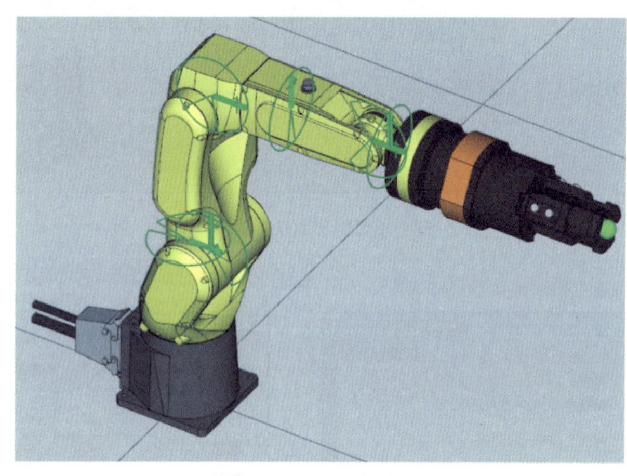

图 2–14　显示画面

6）

功能：控制工业机器人手爪的打开和关闭。

7）

功能：开始 / 停止仿真录像。

8）

功能：运行工业机器人当前程序。

9）

功能：暂停工业机器人的运行。

10）

功能：停止工业机器人的运行。

11）

功能：解除工业机器人运行时出现的报警。

12）

功能：显示 / 隐藏运行面板，单击后弹出图 2-15 所示的“执行面板”对话框。

（2）

1）

功能：将工作环境放大。

2）

功能：将工作环境缩小。

3）

功能：放大至窗口，可以将指定区域放大窗口大小。

4）

功能：以指定的物体为视图中心。

5）

功能：分别显示俯视图、右视图、左视图、前视图和后视图。

6）

功能：测量两个目标位置的距离和相对角度。单击按钮，弹出图 2-16 所示的“距离测量”对话框。分别在“基准点（固定）”和“测量点（移动）”下选择两个目标位置，即可显示直线距离、三个坐标轴上的投影距离和三个方向的相对角度。

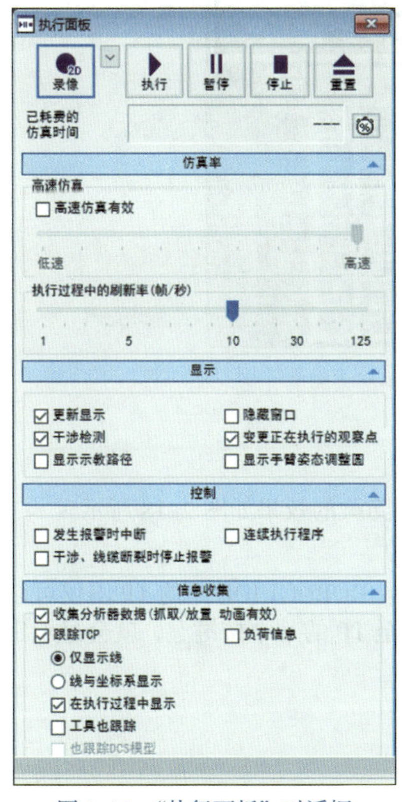

图 2-15　“执行面板”对话框

图 2-16　“距离测量”对话框

三、常用功能

1. 示教器的使用

在现场，工业机器人的运动由示教器来控制，同样，ROBOGUIDE 中的工业机器人也有自己的示教器。选中一个工业机器人，单击 按钮，可显示与该工业机器人对应的示教器，如图 2–17 所示。可以看出，ROBOGUIDE 中的 TP 与现场的 TP 几乎完全相同，且操作方式一致。两者间的不同之处在于，ROBOGUIDE 中的 TP 没有 Deadman 开关和急停按钮，且该 TP 的右上方有 和 按钮。

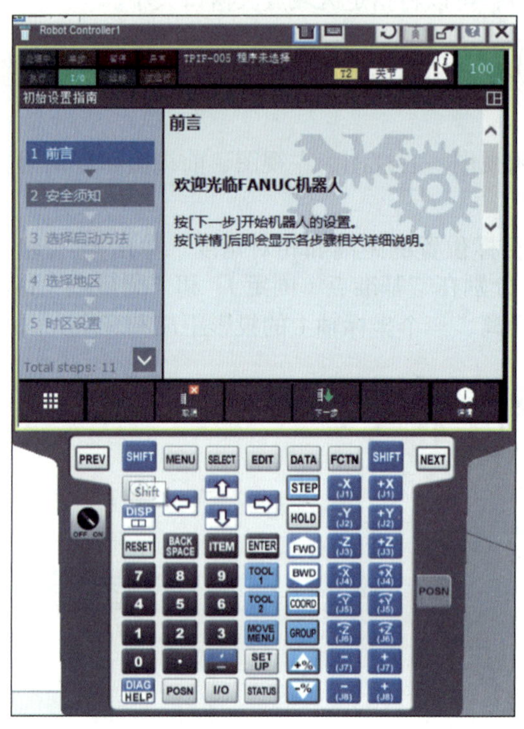

图 2–17　ROBOGUIDE 中的示教器

（1）

单击 按钮可隐藏或显示 TP 的按钮面板，隐藏的效果如图 2–18 所示。

（2）

按钮的功能是选择是否允许键盘控制 TP。ROBOGUIDE 中的 TP 不仅可以通过鼠标操作，还可以通过键盘操作。将鼠标光标移至 TP 的某个按键上，就会显示出与该按键对应的键盘按键。例如：

，“PREV”键对应键盘的“Esc”键；

，“NEXT”键对应键盘的“F6”键；

，“STEP”键对应键盘的“Insert”键。

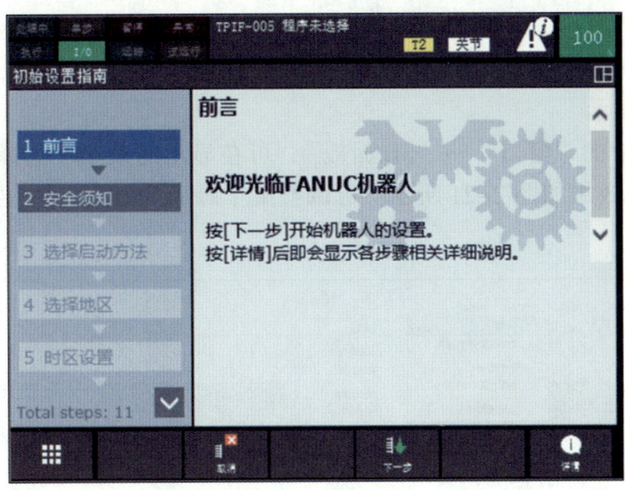

图 2-18　隐藏 TP 按钮面板的效果

2. 工业机器人相关功能

（1）工业机器人的启动方式

单击菜单栏中的“机器人”→“重新启动控制器”，可以选择工业机器人的启动方式，如图 2-19 所示。初始化启动将初始化工业机器人并清除所有程序。

（2）TP 程序的导入

ROBOGUIDE 中的 TP 程序与现场工业机器人的 TP 程序可以相互导入，因此可以用 ROBOGUIDE 做离线编程，然后将程序导入工业机器人，或将现场的程序导入 ROBOGUIDE。如图 2-20 所示，单击“示教”→“保存所有的 TP 程序”，可以直接将 TP 程序保存到指定文件夹。若要导入程序，则单击“示教”→“读入 TP 程序”。当然，也可使用和现场工业机器人同样的方式，用 TP 将程序导出，导出的程序保存在对应的工业机器人文件夹下的 MC 文件夹中。同样，若要将其他 TP 程序导入工业机器人，也要将程序复制到此文件夹中，再执行导入操作。

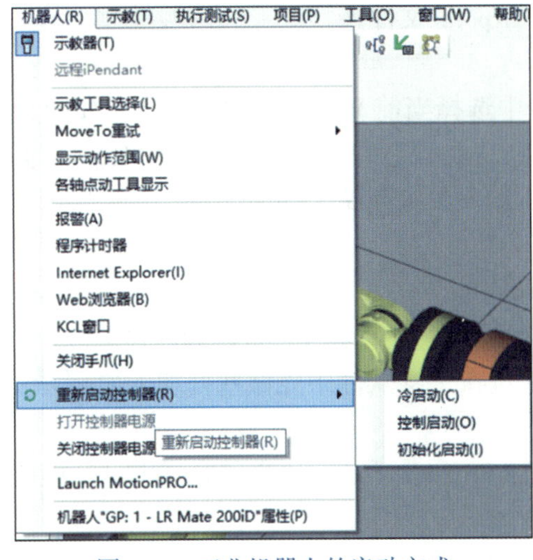

图 2-19　工业机器人的启动方式

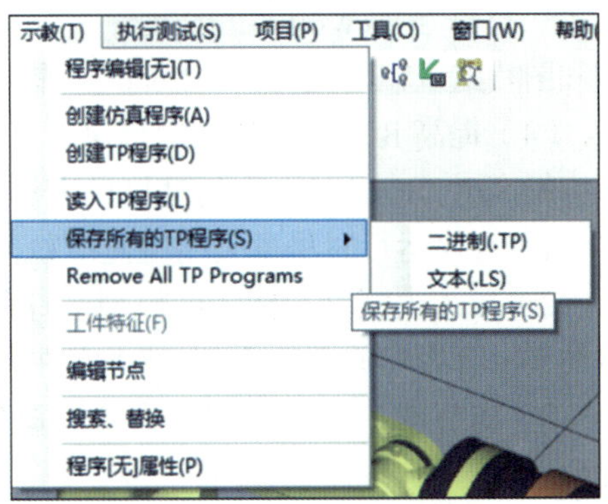

图 2-20　保存所有的 TP 程序

3. 其他功能

（1）多画面显示

单击菜单栏中的“窗口”→“3D 面板”，可在显示的菜单中选择多画面显示，如选择“4 画面”，效果如图 2-21 所示。可调整某个画面的视角，以便从不同角度同时进行观察。

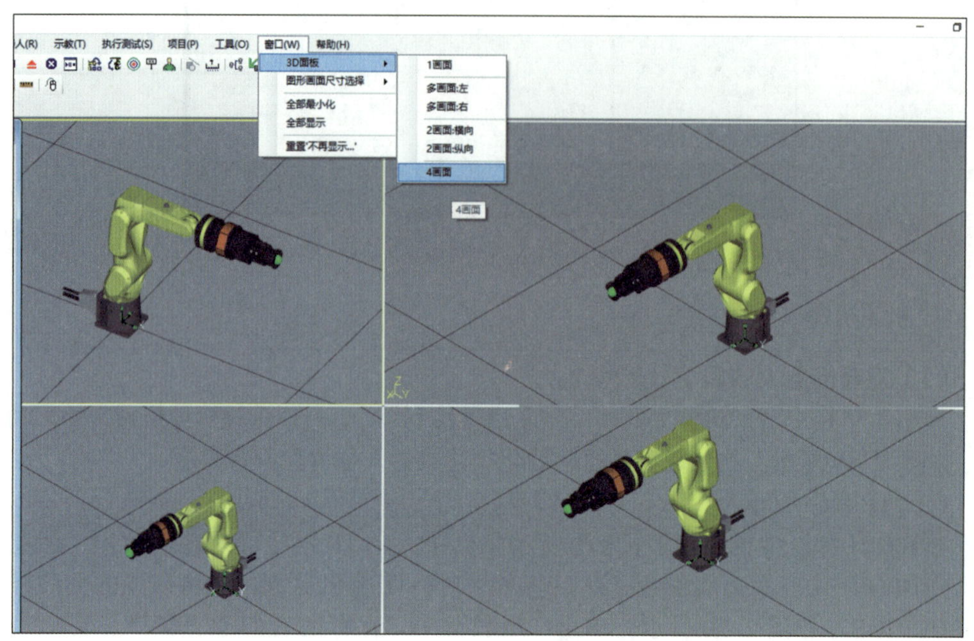

图 2-21　4 画面显示

（2）导出图片和模型

单击菜单栏中的“文件”→“导出”，可选择图片、模型的导出格式，如图 2-22 所示。其中，以 IGES 格式导出可将当前选择的三维模型导出为 IGES 格式。导出图片和模型的默认存储路径均为该工作环境下的 Exports 文件夹。

（3）打开当前 Workcell 的文件夹

单击菜单栏中的“工具”，在下拉菜单中选择当前 Workcell 的文件夹，如图 2-23 所示。打开当前 Workcell 的文件夹，其中 AVIs 是视频录像存储文件夹，Exports 是模型和图片默认输出文件夹，Robot_1 是工业机器人设备存储文件夹。

（4）提高 ROBOGUIDE 运行速度

提高 ROBOGUIDE 运行速度的方法如下：

1）程序运行时尽量关闭碰撞检验，这样可以大大节约 CPU 资源和内存。

2）导入大型 IGS 格式的模型文件前，尽量在三维软件中先做些处理（如略去一些对仿真没有影响的部件），以减小文件大小。

3）仿真时，尽量关闭不需要的窗口（如 Program Teach 和 Profiler 窗口），能略微提高性能。

4）取消勾选“Collect TCP Trace”复选框可以降低 CPU 的占用率。

5）单击菜单栏中的“工具”→“选项”→“常规”，将 CAD 加载质量的滑条向右移动一些，这会使对象显得粗糙一些，但能够带来性能的提升。

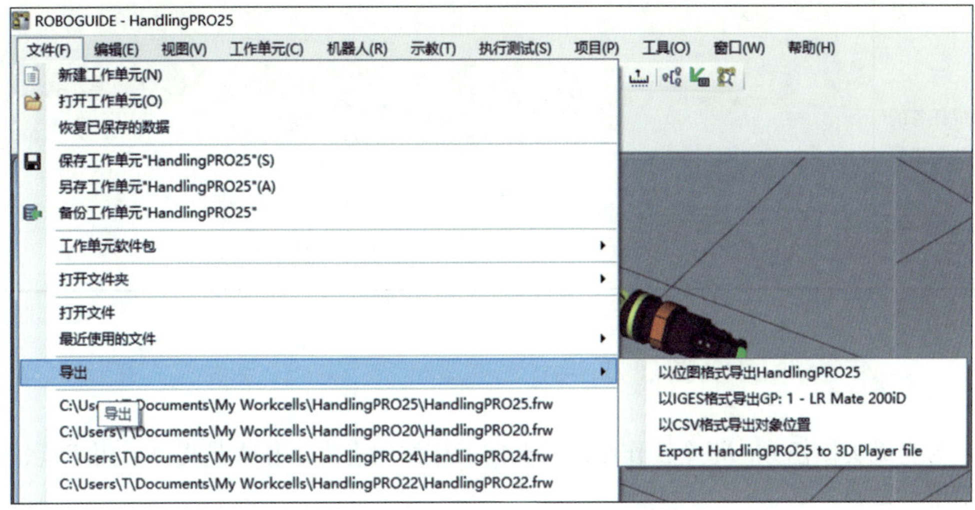

图 2-22　选择图片、模型的导出格式

图 2-23　选择当前 Workcell 的文件夹

任务实施

一、分组并制订工作计划

查阅相关资料，了解任务实施的基本步骤，结合实际情况，制订小组工作计划，完成表 2-1。

表 2-1　小组工作计划

任务名称	目标要求	组员姓名	任务分工	备注
	1. 小组成员分工合作 2. 明确制订计划的方法与步骤 3. 完成生产任务			组长

续表

任务名称	目标要求	组员姓名	任务分工	备注
完成任务的方法与步骤				

二、准备外围设备、工具

为完成工作任务，每个工作小组需要向工作站内仓库工作人员提供借用工具、设备清单，见表 2–2。

表 2–2　借用工具、设备清单

序号	名称	型号规格	数量	归还时间	学生签名	管理员签名
1	编程计算机	CPU：I5 或以上 内存：2 GB 或以上 硬盘：剩余内存 20 GB 以上 显卡：独立显卡 操作系统：Windows7 或以上	1 套			
2	编程软件	ROBOGUIDE	1 套			
3	FANUC ROBOGUIDE 操作手册		1 本			

三、任务实施

根据路径“C：\ROBOGUIDE\Library\Example 01-Pick and place.rdk”打开一个 ROBOGUIDE 软件自带的仿真案例，按照以下要求进行操作练习：

1. 熟悉 ROBOGUIDE 软件界面并进行软件语言设置。
2. 进行 ROBOGUIDE 软件视图的平移、旋转、缩放等操作。
3. 熟悉 ROBOGUIDE 常用工具按钮。
4. 完成 ROBOGUIDE 工作单元的新建。

记录新建 ROBOGUIDE 工作单元过程中遇到的问题，并提出解决方法，填入表 2–3。

表 2–3　　ROBOGUIDE 工作单元的新建练习情况记录表

遇到的问题	解决方法

任务测评

对任务实施的完成情况进行检查，并将结果填入表 2–4。

表 2–4　　任务测评表

<table>
<tr><td colspan="3">班级：
小组：
姓名：</td><td colspan="4">指导教师：
日期：</td></tr>
<tr><td rowspan="2">评价项目</td><td rowspan="2">评价标准</td><td rowspan="2">评价依据</td><td colspan="3">评价方式</td><td rowspan="2">得分小计</td></tr>
<tr><td>学生自评（20%）</td><td>小组互评（30%）</td><td>教师评价（50%）</td></tr>
<tr><td>职业素养（30 分）</td><td>1. 遵守企业规章制度、劳动纪律
2. 按时按质完成工作任务
3. 积极主动承担工作任务，勤学好问
4. 保障人身安全与设备安全
5. 工作岗位 6S 完成情况良好</td><td>1. 出勤情况
2. 工作态度
3. 劳动纪律
4. 团队协作精神</td><td></td><td></td><td></td><td></td></tr>
<tr><td>专业能力（50 分）</td><td>1. 能熟悉 ROBOGUIDE 软件界面并进行软件语言设置
2. 能进行 ROBOGUIDE 软件视图的平移、旋转、缩放等操作
3. 能熟悉 ROBOGUIDE 常用工具按钮
4. 能完成 ROBOGUIDE 工作单元的新建</td><td>1. 操作的准确性和规范性
2. 专业技能任务完成情况</td><td></td><td></td><td></td><td></td></tr>
<tr><td>创新能力（20 分）</td><td>1. 能在任务完成过程中提出有一定见解的方案
2. 能在教学或生产管理方面提出建议，具有创新性</td><td>1. 方案的可行性及意义
2. 建议的可行性</td><td></td><td></td><td></td><td></td></tr>
<tr><td colspan="6">合计</td><td></td></tr>
</table>

项目三　工业机器人虚拟仿真工作单元的构建

1. 能叙述 ROBOGUIDE 工作单元对象的导入及布局方法。
2. 能叙述通过六点法设置工具坐标系的方法。
3. 能叙述通过三点法设置用户坐标系的方法。
4. 能完成 ROBOGUIDE 工作单元对象的导入及布局，并运用六点法和三点法分别完成工具坐标系和用户坐标系的设置。

本任务的主要目的是掌握 ROBOGUIDE 软件中夹具、工件、障碍物、工业机器人及工具的添加方法，熟悉工具坐标系的设置方法（六点法）和用户坐标系的设置方法（三点法），并能在教师的指导下，完成工业机器人虚拟仿真工作单元的构建。

一、周边设备的添加

ROBOGUIDE 中可添加各类实体对象，这些对象可分为三类，一类来自 ROBOGUIDE 自带的模型库，一类是通过其他三维软件导入的 IGS 或 STL 格式的模型文件，另一类是简易的三维模型，如长方体、圆柱体、球体等。根据 ROBOGUIDE 中对象添加位置的不同，周边设备主要可分为夹具、工件和障碍物。

1. 夹具

将物体模型添加为 ROBOGUIDE 中的夹具后，可在此夹具上附加一个工件，当移

动夹具时，附加在它上面的工件也随之移动。

打开图 3–1 所示的目录树，即可开始添加夹具。右击“夹具”，在快捷菜单中选择“添加夹具”，“添加夹具”菜单中有七个选项，如图 3–2 所示，这七个选项可分为三类。

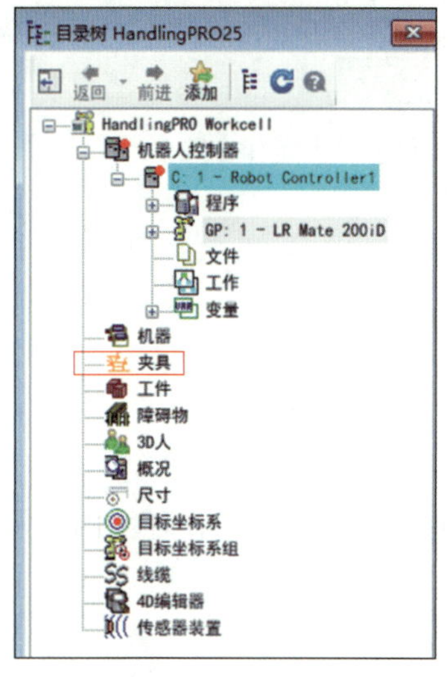

图 3–1　打开目录树

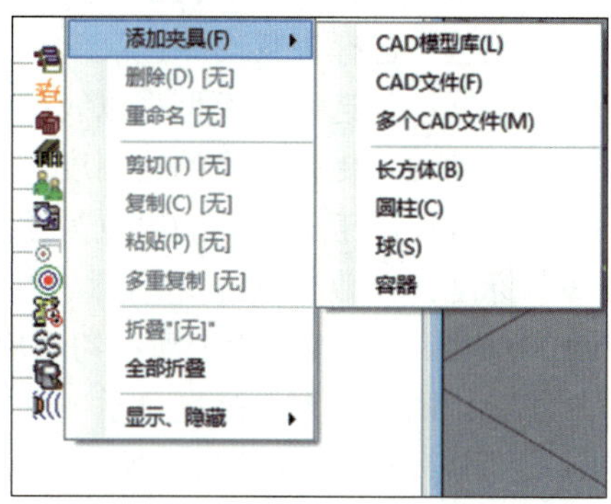

图 3–2　“添加夹具”菜单

第一类为 CAD 模型库，它是 ROBOGUIDE 软件自带的三维模型库，包括传送带、加工中心等，单击“CAD 模型库”后弹出的对话框如图 3–3 所示。

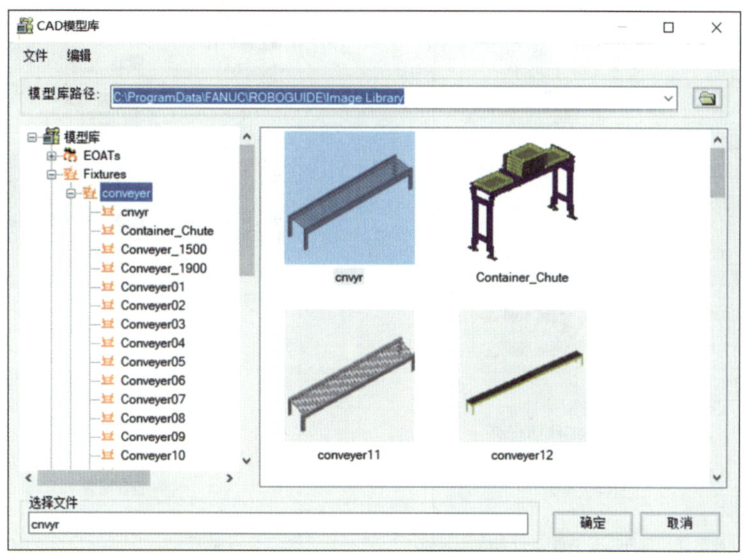

图 3–3　“CAD 模型库”对话框

第二类是 CAD 文件和多个 CAD 文件，它们是由其他三维软件导入的 IGS 等格式的三维模型，单击“CAD 文件”即一次加载一个模型，单击“多个 CAD 文件”即可一次加载多个模型，并且可以选择是否将这些模型合为一个整体，若合为一个整体，则这些模型各自的原点坐标系将会重合。

第三类为长方体、圆柱等简易的三维模型，加载时以默认的尺寸载入，可根据需要进行修改。

夹具添加完成后，可在目录树或工作环境中双击该夹具，以打开夹具的属性设置对话框，如图 3-4 所示。“常规”选项卡下各项说明如下：

（1）名称：输入夹具名称。

（2）CAD 文件：所添加模型的文件路径。

（3）显示：显示或隐藏夹具（更改后要单击“应用”才能生效）。

（4）类型：选择夹具的类型。

（5）颜色：选择夹具的颜色。

（6）线框：勾选后，模型将以线框形式显示。

（7）滑动轴：更改模型的透明度。

（8）位置：以工作环境的原点为参照定义模型原点的位置。

（9）标度：修改模型的尺寸。

（10）检测与机器人的干涉：勾选后，会检测此模型是否与工作环境内的机器人有碰撞。若有，则此模型会高亮显示。

（11）固定位置：勾选后，模型的位置不可更改。

在目录树中右击夹具，快捷菜单如图 3-5 所示，可以对夹具进行复制、删除等操作。

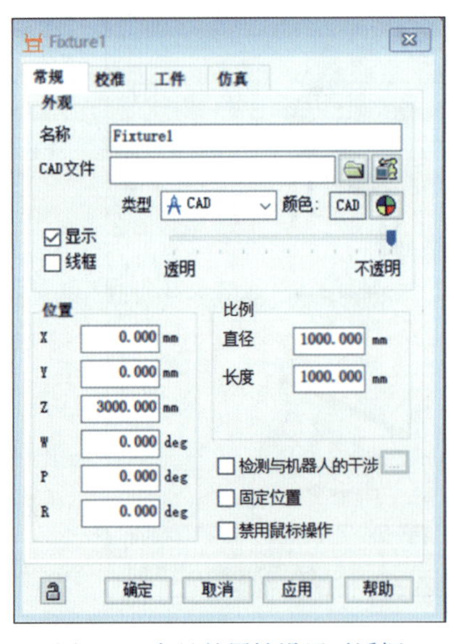

图 3-4　夹具的属性设置对话框

图 3-5　快捷菜单

2. 工件

工件的种类和添加方法与夹具基本相同。工件添加完成后会显示在一个灰色的长

方体上，如图 3–6 所示，此时工件还不能使用，需附加到夹具上才能使用。

工件添加完成后，选择添加夹具，打开夹具的属性设置对话框，单击“工件”选项卡，如图 3–7 所示。勾选需要附加的工件，单击“应用”后此工件即可附加到夹具上。可通过修改“工件”选项卡下的工件偏移量来调整工件在夹具上的位置。

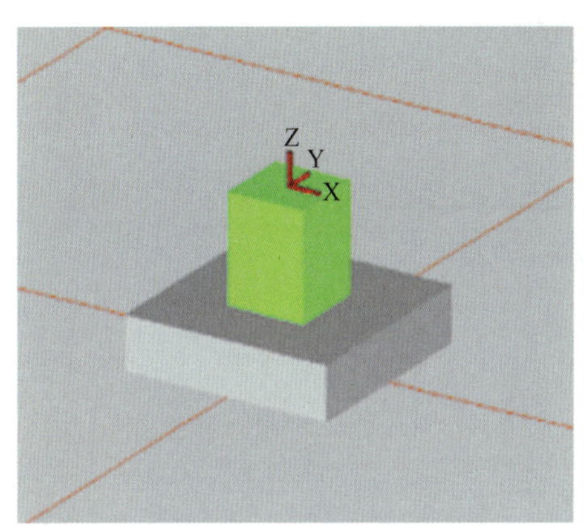

图 3–6　工件添加完成

图 3–7　“工件”选项卡

3. 障碍物

障碍物的种类和添加方法与夹具基本相同，“添加障碍物”菜单如图 3–8 所示。但工件不能附加在障碍物上，该菜单的主要应用是添加一些不参与模拟、只演示现场位置的外围设备，如围栏等。双击障碍物，可以打开其属性设置对话框，如图 3–9 所示。

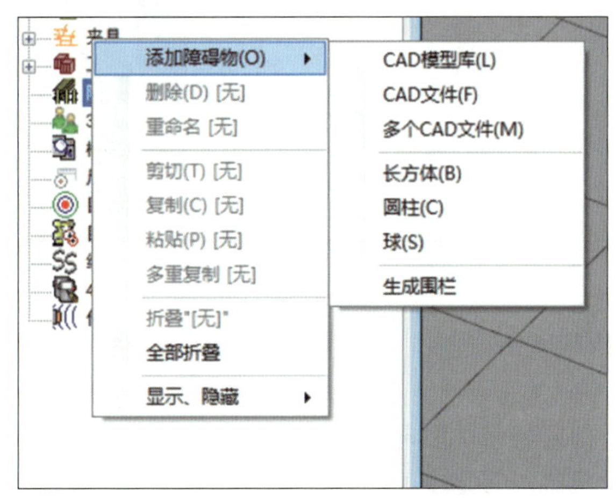

图 3–8　“添加障碍物”菜单

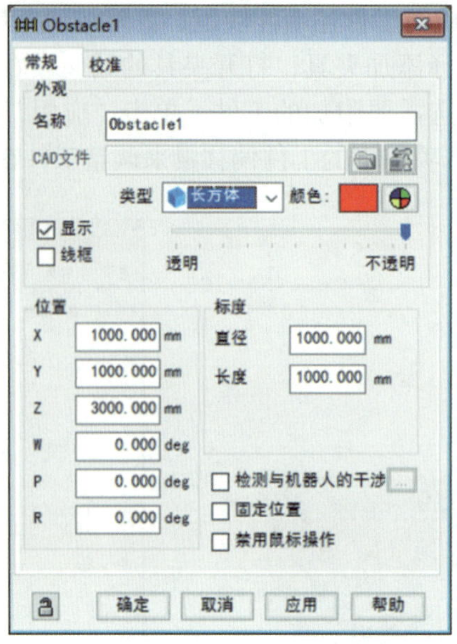

图 3-9　障碍物的属性设置对话框

二、工业机器人和工具的添加

1. 工业机器人的添加

如果要添加工业机器人，可右击“机器人控制器”，单击“添加机器人”→“向导”，如图 3-10 所示。之后会显示创建工业机器人时的界面，且步骤与之相同。

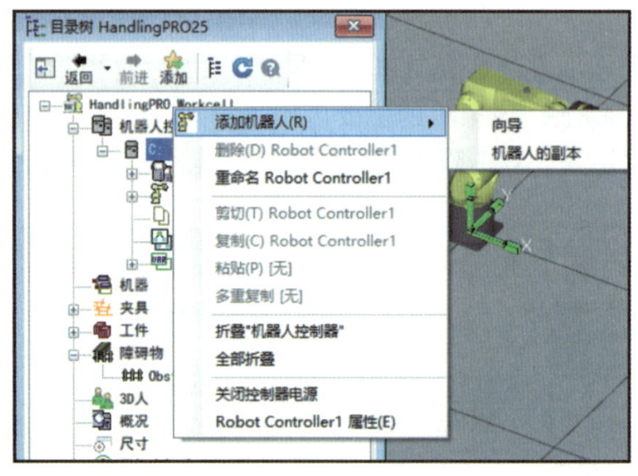

图 3-10　添加工业机器人

在目录树或工作环境中双击工业机器人可打开工业机器人属性设置对话框，如图 3-11 所示。

属性界面中部分信息与夹具相同，不同信息的介绍如下：

（1）型号：工业机器人的型号。

（2）重新生成：更改工业机器人的设置，单击后弹出“虚拟机器人编辑向导”对

话框，显示创建工业机器人时的界面，如图 3–12 所示。按步骤进行操作可以修改创建虚拟工业机器人时确定的一些信息。

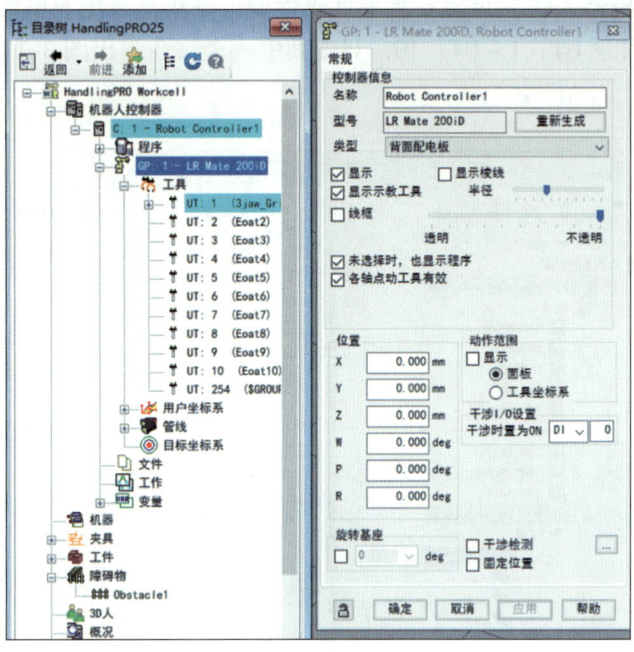

图 3–11　工业机器人属性设置对话框

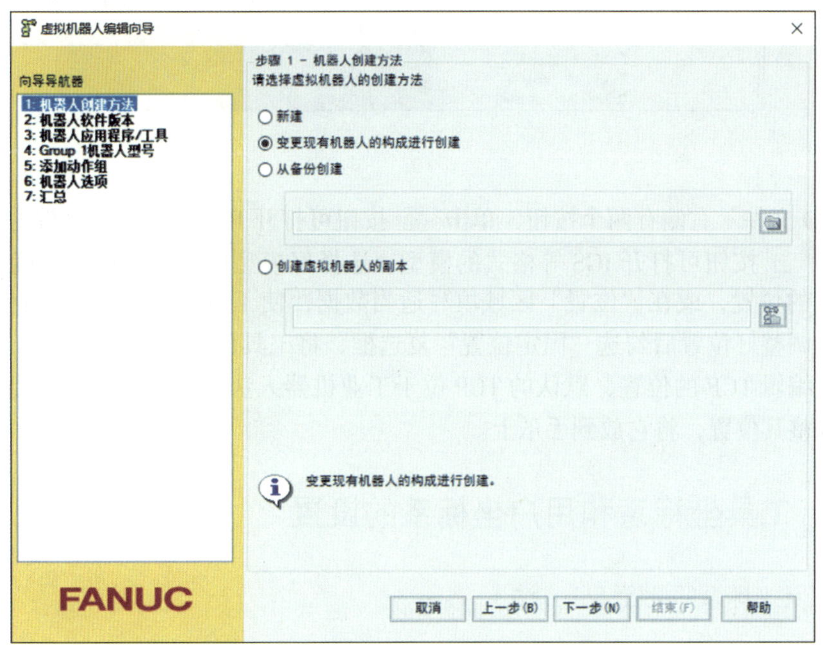

图 3–12　“虚拟机器人编辑向导”对话框

（3）显示示教工具：勾选后，可以显示并调节 TCP 半径。ROBOGUIDE 软件中，TCP 以绿色球体的形式显示。

2. 工具的添加

若要在工业机器人法兰盘上安装手爪或焊枪，可双击该工业机器人目录下的“工具”，显示工具目录 UT：1 ~ UT：10，双击其中一个，会弹出图 3–13 所示的工具添加对话框。

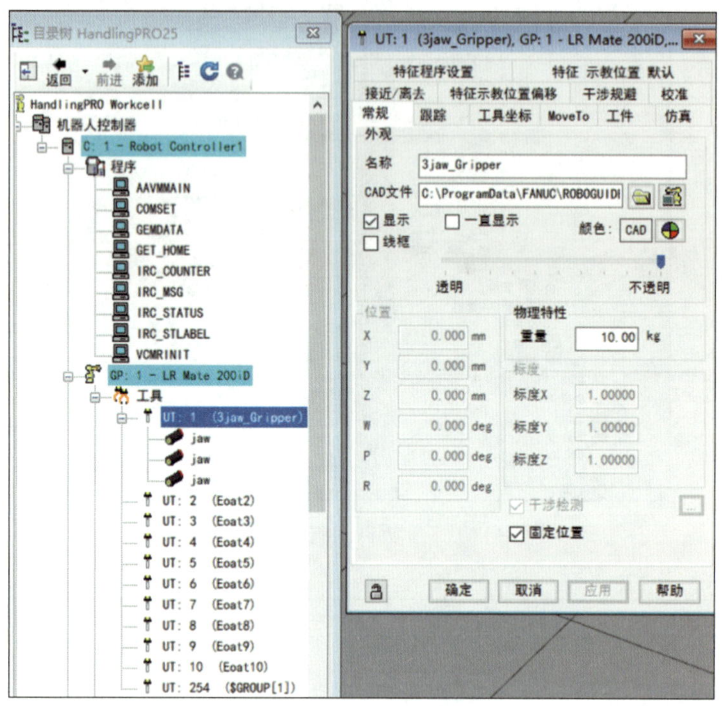

图 3–13　工具添加对话框

“CAD 文件”右侧有两个按钮，单击按钮可打开 ROBOGUIDE 自带的工具模型库，单击按钮可打开 IGS 等格式的模型，选择好模型后单击“应用”确认。然后调整工具的位置，或在“位置”区域填写适当数据，使工具正确安装在工业机器人法兰盘上。调整好位置后勾选“固定位置”复选框，将工具位置锁定。单击“工具坐标”选项卡，编辑 TCP 的位置，默认的 TCP 位于工业机器人法兰盘的中心，安装手爪后需要重新调整其位置，将它放到手爪上。

三、工具坐标系和用户坐标系的设置

1. 工具坐标系的设置（六点法）

（1）创建一个工业机器人工作单元，选择合适的工具（例如，右击目录树中的 UT：1，单击“添加链接”→“CAD 模型库”→“EOATs”→“pointers”→“pointer”）。右击“机器”，单击“添加机器”→“长方体”，将长方体的长、宽、高均设置为 250 mm，将其移动至合适位置。右击“夹具”，单击“添加夹具”→“CAD 模

型库”→“Parts”→“Square_Pyramid”，将其移动至长方体上方合适位置，如图 3–14 所示。

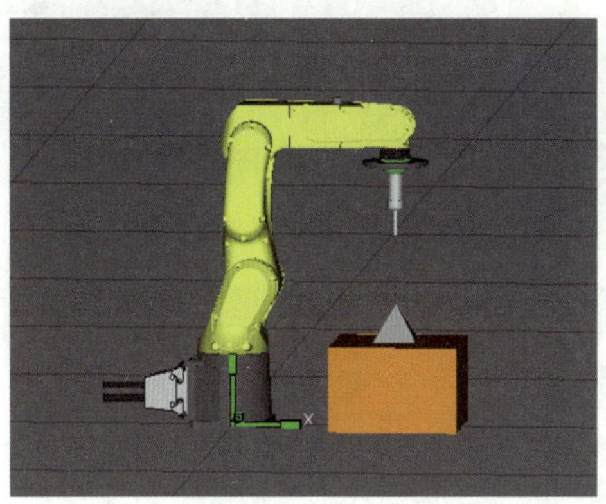

图 3–14　创建工业机器人工作单元并添加工具、机器和夹具

（2）双击目录树中的 UT：1，弹出图 3–15 所示的属性对话框，单击“工具坐标”选项卡，勾选“编辑工具坐标系”复选框，单击“应用坐标系的位置”→“应用”。

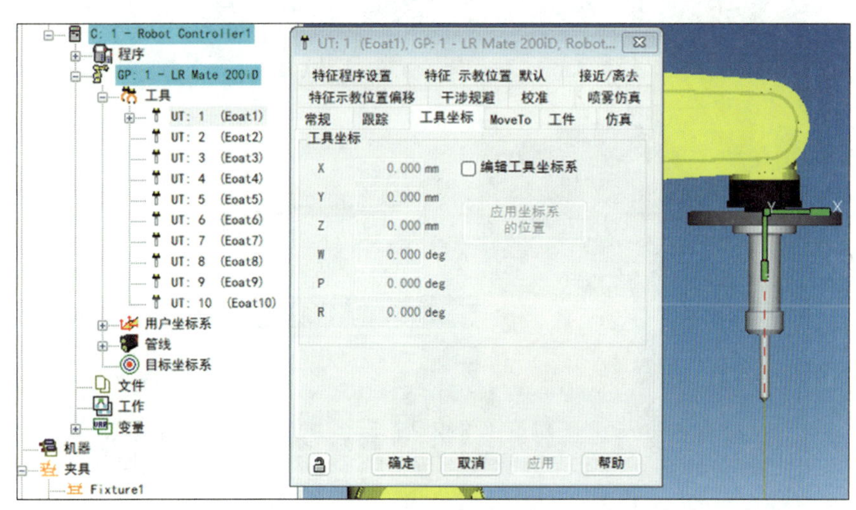

图 3–15　属性对话框

（3）打开虚拟示教器，单击“MENU”键→“6 设置”→“4 坐标系”→“坐标”→“1 工具坐标系”→“详细”。设置接近点 1 和坐标原点（注意：设置接近点 1 时，先旋转关节使抓手垂直，然后在世界坐标系下平移。设定工具坐标系时，TCP 尚未形成，该过程的目的是实现类似重定位功能）。按“Shift”键＋运动方向键调整工业机器人到图 3–16 所示位置，使尖端对准基准点。单击“COORD”键，切换至工具坐标系，将光标移至“接近点 1”和“坐标原点”，按“Shift”键＋“F5”键保存。

（4）设置 X 方向点。将示教器切换回世界坐标，按“Shift”键＋“$+X$”键将工业机器人移动至少 100 mm，将光标移至“X 方向点”，按“Shift”键＋“F5”键保存，如图 3–17 所示。

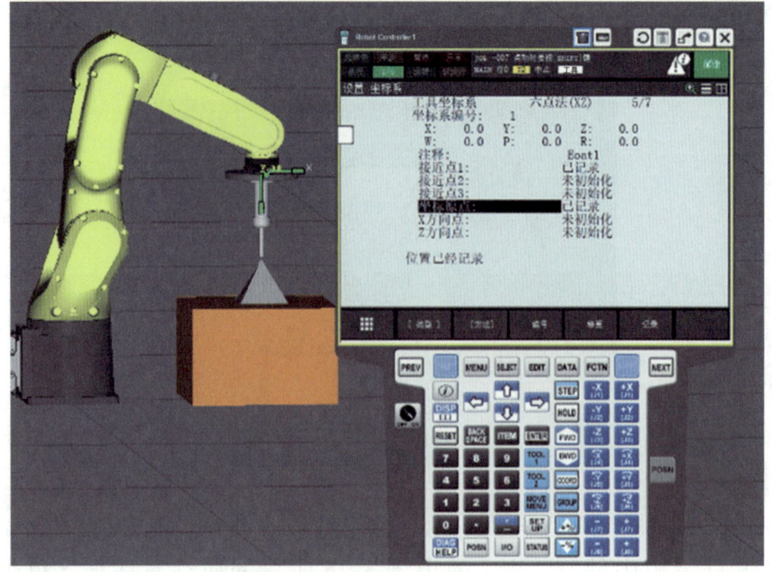

图 3-16 设置接近点 1 和坐标原点

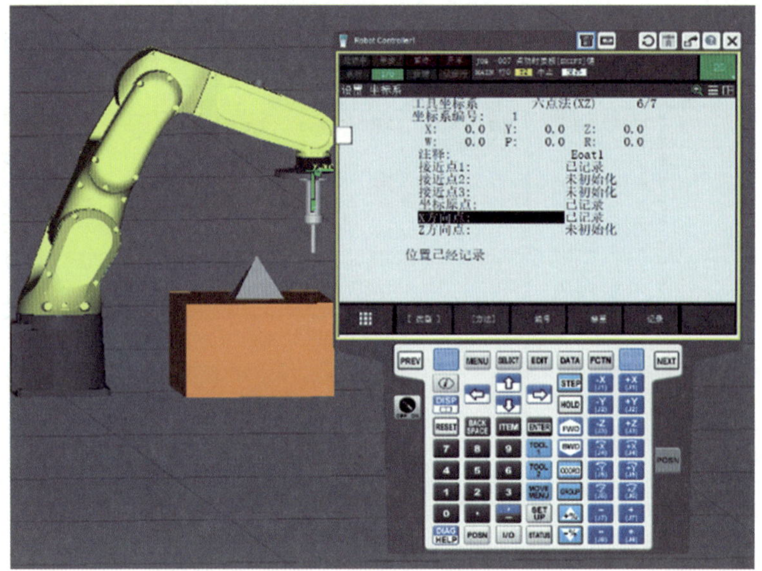

图 3-17 设置 *X* 方向点

（5）设置 *Z* 方向点。将光标移至“坐标原点”，按“Shift”键 +“F4”键将工业机器人移至坐标原点，然后按“Shift”键 +“+*Z*”键将工业机器人移动至少 100 mm。单击“COORD”键，切换至工具坐标系，将光标移至“*Z* 方向点”，按“Shift”键 +“F5”键保存，如图 3-18 所示。

（6）设置接近点 2。将示教坐标切换为关节坐标，按“Shift”键 + 运动方向键调整工业机器人，使尖端对准基准点。将示教坐标切换为工具坐标，将光标移至“接近点 2”，按“Shift”键 +“F5”键保存，如图 3-19 所示。

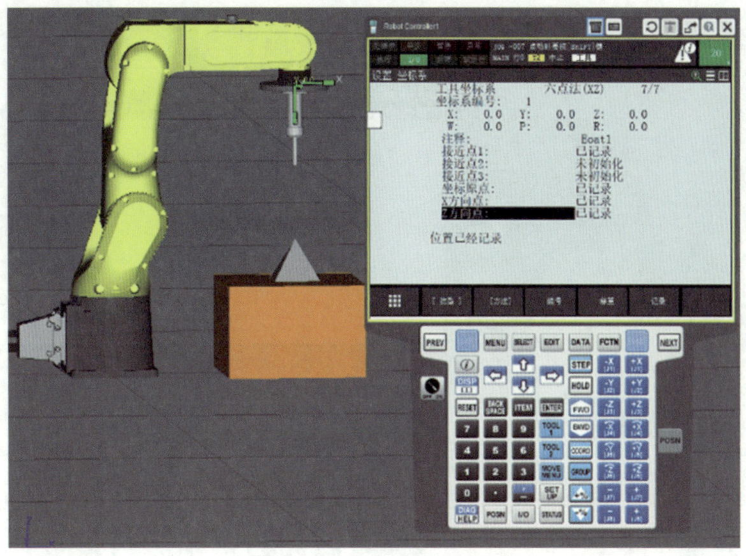

图 3-18　设置 *Z* 方向点

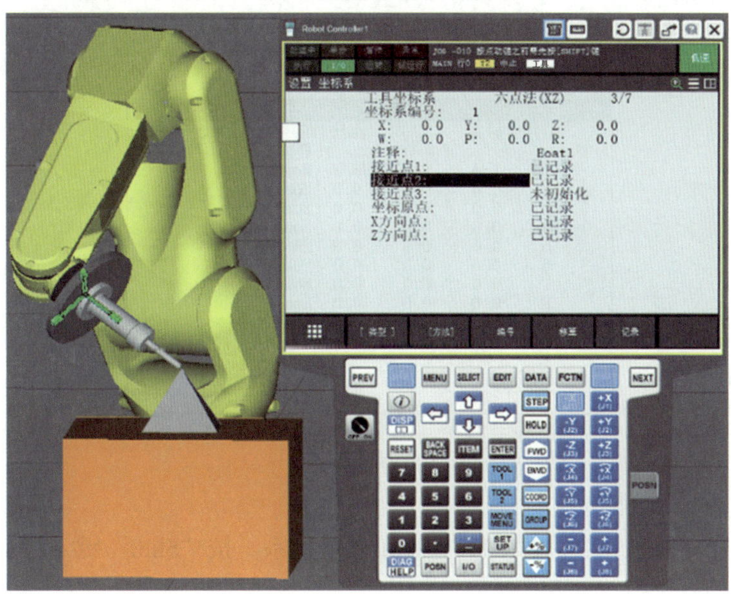

图 3-19　设置接近点 2

（7）设置接近点 3。将示教坐标切换为关节坐标，按“Shift”键 + 运动方向键调整工业机器人，使尖端对准基准点。将示教坐标切换为工具坐标，将光标移至“接近点 3”，按“Shift”键 +“F5”键保存，如图 3-20 所示。

2. 工具坐标系的验证

（1）单击示教器的“PREV”键返回设置工具坐标系界面，如图 3-21 所示。

（2）按“Shift”键 +“COORD”键，然后按“F4”键选择工具坐标系。

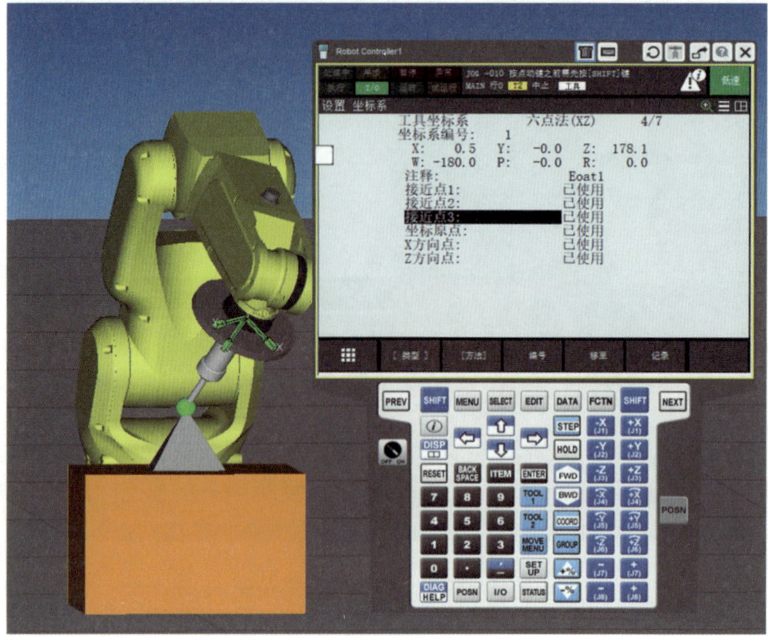

图 3-20　设置接近点 3

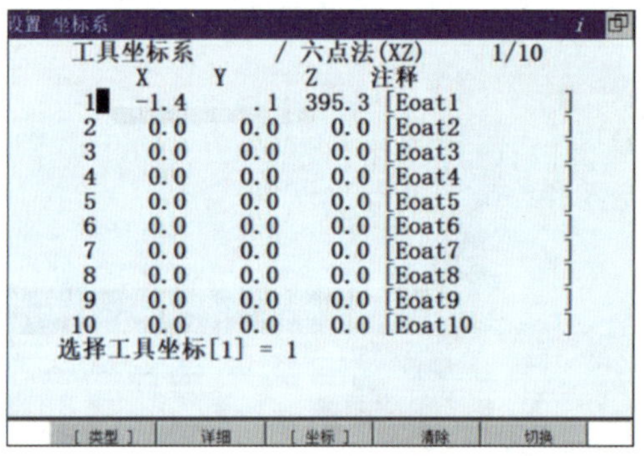

图 3-21　设置工具坐标系界面

（3）按“F5”键，然后输入 1，选择工具坐标系。按“Shift”键 + 运动方向键，检查 TCP 是否符合要求。

3. 用户坐标系的设置（三点法）

（1）新建一个工业机器人工作单元，选择合适的工具（例如，右击目录树中的工具，单击“添加链接”→“CAD 模型库”→“EOATs”→“pointers”→“pointer”）并添加一个障碍物作为工作平面，如图 3-22 所示。

（2）设置坐标原点。打开虚拟示教器，单击“MENU”→“6 设置”→“4 坐标系”→“坐标”→“3 用户坐标系”，按“F2”键进入详情页面，单击“方法”→“1 三点法”。将工业机器人移动到工件表面的合适位置，用以建立坐标原点。将光标移至“坐标原点”，按“Shift”键 +“F5”键保存，如图 3-23 所示。

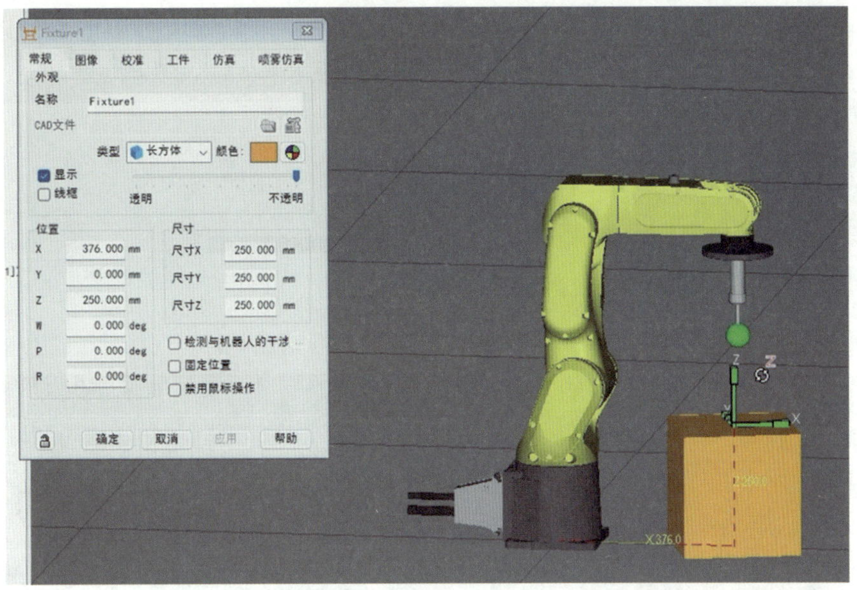

图 3-22　选择合适的工具并添加障碍物

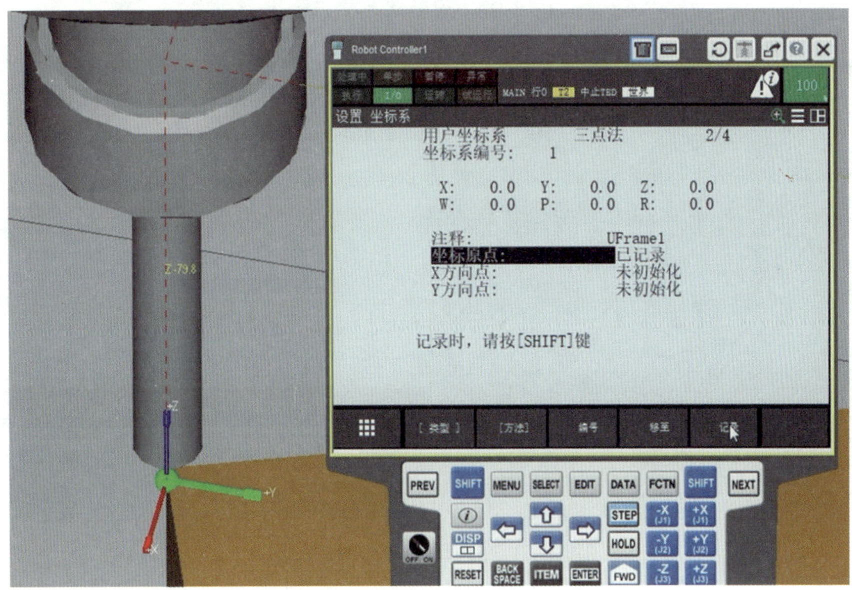

图 3-23　设置坐标原点

（3）设置 *X* 方向点。示教工业机器人沿期望用户坐标系的 +*X* 方向至少移动 100 mm，将光标移至“*X* 方向点”，按“Shift”键 +“F5”键保存，如图 3-24 所示。

（4）将光标移至“坐标原点”，按“Shift”键 +“F4”键将工业机器人移至坐标原点位置。

（5）设置 *Y* 方向点。示教工业机器人沿期望用户坐标系的 +*Y* 方向至少移动 100 mm，将光标移至“*Y* 方向点”，按“Shift”键 +“F5”键保存，如图 3-25 所示。

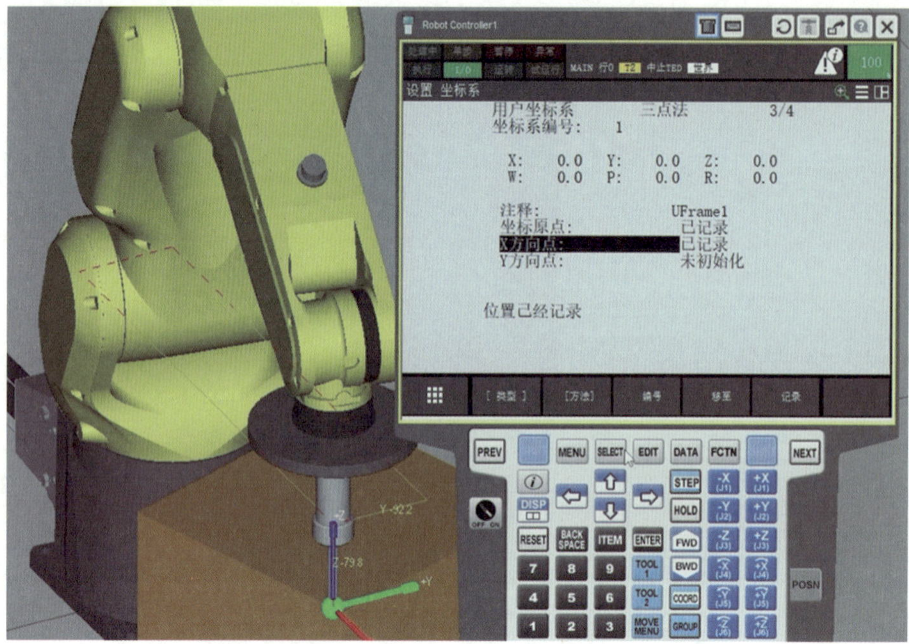

图 3-24 设置 *X* 方向点

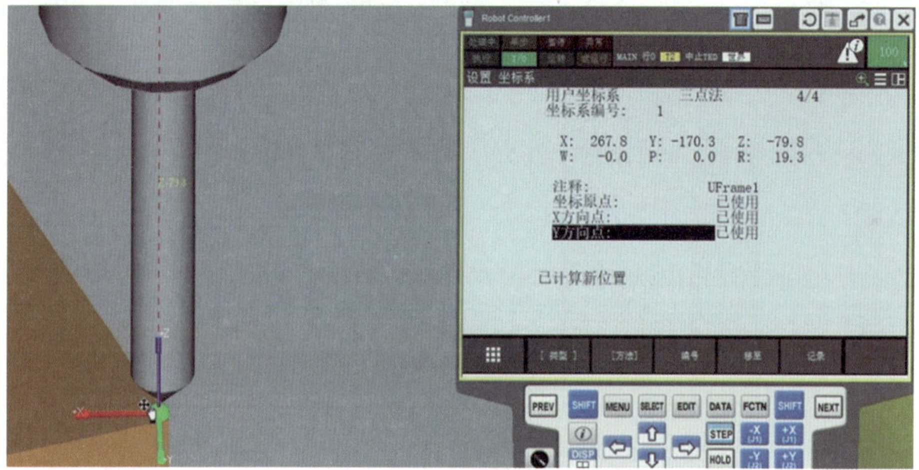

图 3-25 设置 *Y* 方向点

4. 用户坐标系的验证

（1）按“PREV”键返回用户坐标系设置界面。

（2）按“F5”键，然后输入 1，选择用户坐标系，如图 3-26 所示。

（3）按“Shift”键 +“COORD”键，单击“用户”，将工业机器人移至工件临边处以验证用户坐标系。通过移动 *Y* 轴来验证用户坐标系 *Y* 轴方向，再通过移动 *X* 轴来验证用户坐标系 *X* 轴方向。切换回世界坐标系并观察 *X*、*Y* 轴的走向，可以看出用户坐标系是沿着示教的用户方向进行移动的，而世界坐标系是以笛卡儿方向进行移动的。

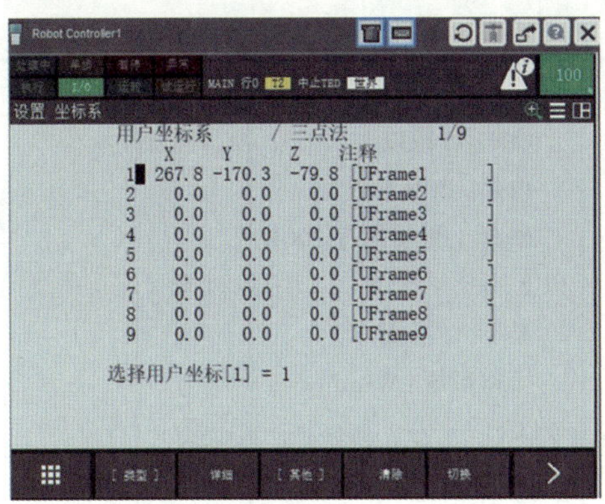

图 3-26　选择用户坐标系

任务实施

一、分组并制订工作计划

查阅相关资料，了解任务实施的基本步骤，结合实际情况，制订小组工作计划，完成表 3-1。

表 3-1　小组工作计划

<table>
<tr><th>任务名称</th><th>目标要求</th><th>组员姓名</th><th>任务分工</th><th>备注</th></tr>
<tr><td rowspan="6"></td><td rowspan="6">1. 小组成员分工合作
2. 明确制订计划的方法与步骤
3. 完成生产任务</td><td></td><td></td><td>组长</td></tr>
<tr><td></td><td></td><td></td></tr>
<tr><td></td><td></td><td></td></tr>
<tr><td></td><td></td><td></td></tr>
<tr><td></td><td></td><td></td></tr>
<tr><td></td><td></td><td></td></tr>
<tr><td>完成任务的方法与步骤</td><td colspan="4"></td></tr>
</table>

二、准备外围设备、工具

为完成工作任务，每个工作小组需要向工作站内仓库工作人员提供借用工具、设备清单，见表 3-2。

表 3–2　　借用工具、设备清单

序号	名称	型号规格	数量	归还时间	学生签名	管理员签名
1	编程计算机	CPU：I5 或以上 内存：2GB 或以上 硬盘：剩余内存 20GB 以上 显卡：独立显卡 操作系统：Windows 7 或以上	1 套			
2	编程软件	ROBOGUIDE	1 套			
3	FANUC ROBOGUIDE 操作手册		1 本			

三、任务实施

1. 工业机器人工作单元对象的导入及布局

查阅资料，通过 ROBOGUIDE 软件完成工业机器人工作单元对象的导入及布局。记录进行工业机器人工作单元对象导入及布局操作过程中遇到的问题，并提出解决方法，填入表 3–3。

表 3–3　　工业机器人工作单元对象导入及布局操作练习情况记录表

遇到的问题	解决方法

2. 设置工具坐标系

查阅资料，导入工具模型，运用六点法完成工业机器人工具坐标系的设置。记录设置工具坐标系操作练习过程中遇到的问题，并提出解决方法，填入表 3–4。

表 3–4　　工具坐标系的设置操作练习情况记录表

遇到的问题	解决方法

3. 设置用户坐标系

查阅资料，运用三点法完成工业机器人用户坐标系的设置。记录设置工业机器人用户坐标系操作练习过程中遇到的问题，并提出解决方法，填入表 3–5。

表 3–5　用户坐标系的设置操作练习情况记录表

遇到的问题	解决方法

任务测评

对任务实施的完成情况进行检查，并将结果填入表 3–6。

表 3–6　任务测评表

<table>
<tr><td colspan="3">班级：________
小组：________
姓名：________</td><td colspan="5">指导教师：________
日期：________</td></tr>
<tr><td rowspan="2">评价项目</td><td rowspan="2" colspan="2">评价标准</td><td rowspan="2">评价依据</td><td colspan="3">评价方式</td><td rowspan="2">得分小计</td></tr>
<tr><td>学生自评（20%）</td><td>小组互评（30%）</td><td>教师评价（50%）</td></tr>
<tr><td>职业素养（30 分）</td><td colspan="2">1. 遵守企业规章制度、劳动纪律
2. 按时按质完成工作任务
3. 积极主动承担工作任务，勤学好问
4. 保障人身安全与设备安全
5. 工作岗位 6S 完成情况良好</td><td>1. 出勤情况
2. 工作态度
3. 劳动纪律
4. 团队协作精神</td><td></td><td></td><td></td><td></td></tr>
<tr><td>专业能力（50 分）</td><td colspan="2">1. 能进行工业机器人工作单元对象的导入及布局
2. 能导入工具模型，并运用六点法设置工具坐标系
3. 能运用三点法设置用户坐标系</td><td>1. 操作的准确性和规范性
2. 专业技能任务完成情况</td><td></td><td></td><td></td><td></td></tr>
<tr><td>创新能力（20 分）</td><td colspan="2">1. 能在任务完成过程中提出有一定见解的方案
2. 能在教学或生产管理方面提出建议，具有创新性</td><td>1. 方案的可行性及意义
2. 建议的可行性</td><td></td><td></td><td></td><td></td></tr>
<tr><td>合计</td><td colspan="7"></td></tr>
</table>

项目四　使用ROBOGUIDE软件编程

学习目标

1. 能叙述运用 ROBOGUIDE 软件实现正方形轨迹仿真的方法。
2. 能叙述运用 ROBOGUIDE 软件实现圆形轨迹仿真的方法。
3. 能叙述偏移函数的使用方法。
4. 能运用 ROBOGUIDE 软件实现正方形轨迹仿真。
5. 能运用 ROBOGUIDE 软件实现圆形轨迹仿真。

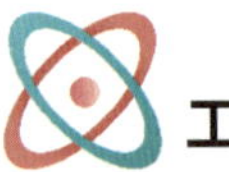

工作任务

工业机器人的描图流程是：工业机器人从起始点出发，依次描绘正方形和圆形，然后回到起始点。本任务的目标是在工业机器人工作单元中依次完成程序的创建、目标点的创建及示教、程序指令的添加及编辑、程序的调试，最终完成工业机器人工作单元中红色轨迹描绘仿真。

相关知识

一、正方形轨迹的仿真

1. 新建一个工业机器人工作单元，添加一个合适的工具（如 CAD 模型库中的 3jaw_Gripper），再添加一个正方体夹具作为参照物，如图 4-1 所示。

2. 单击工具栏中的按钮，查看工件是否在工业机器人工作区域内，如图 4-2 所示。

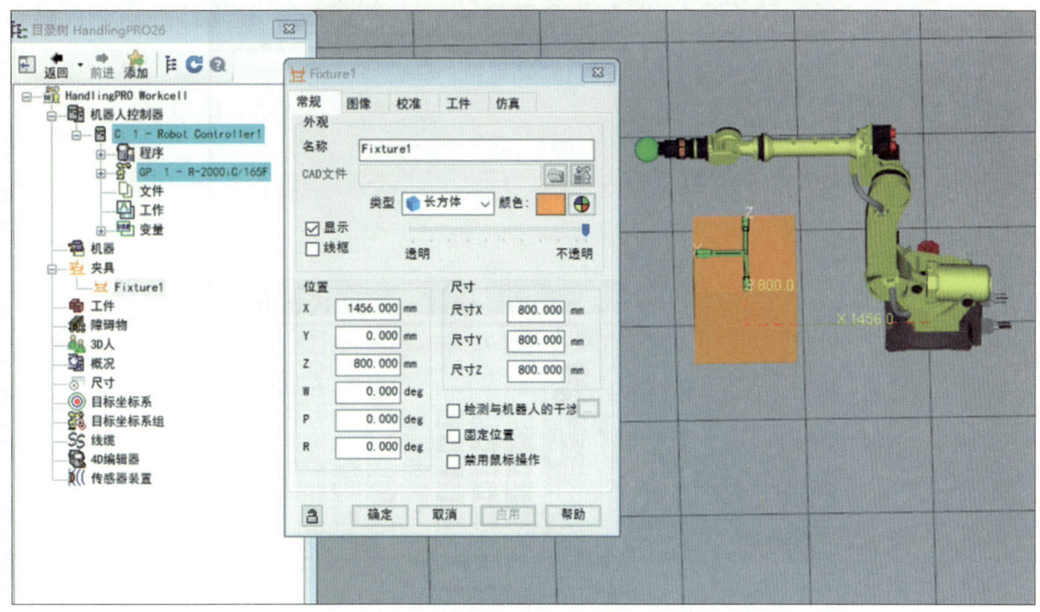

图 4–1　新建工业机器人工作单元并添加夹具

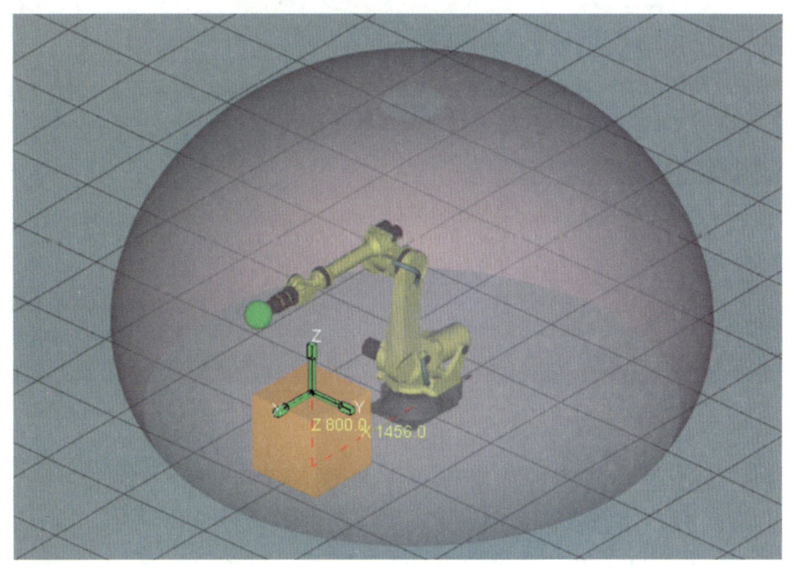

图 4–2　查看工件是否在工业机器人工作区域内

3. 打开虚拟示教器，单击示教器的“SELECT”键→“创建”，创建一个新程序，并命名为“ZFX”，如图 4–3 所示。

4. 单击“编辑”，进入程序编辑，编写绘制正方形轨迹的程序。单击“POSN”键，手动输入数值，调整工业机器人姿态，使工具垂直于正方体表面，正方形轨迹程序和工业机器人姿态如图 4–4 所示。

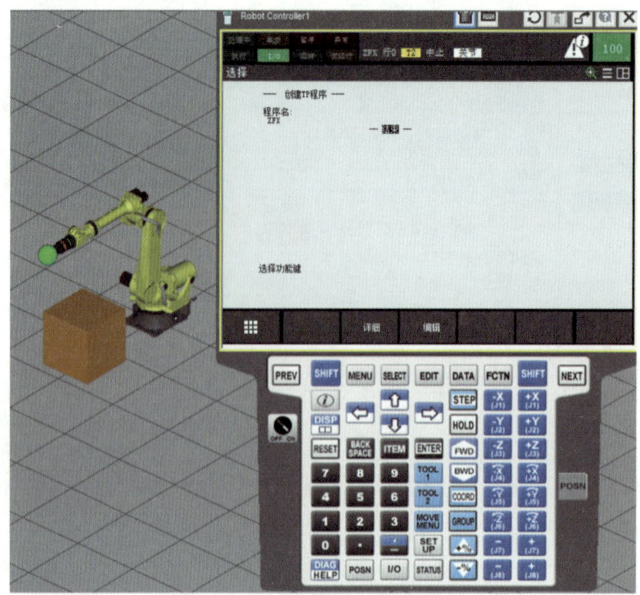

图 4-3　创建新程序

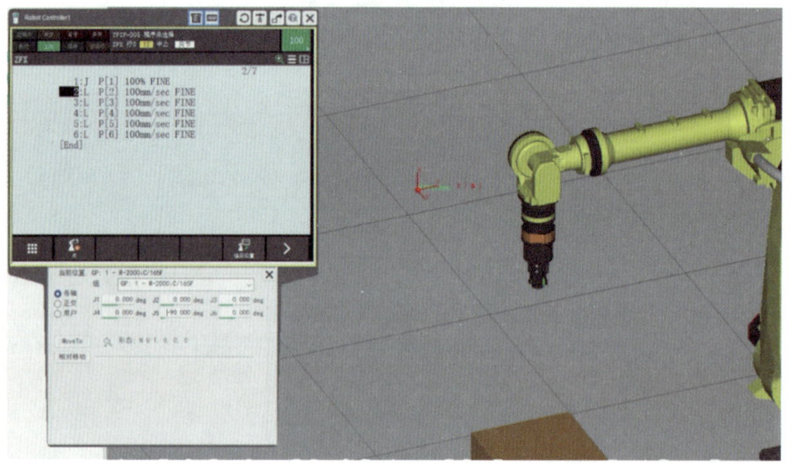

图 4-4　正方形轨迹程序和工业机器人姿态

5. 移动工业机器人到正方体表面点 1 上方（距点 1 约 100 mm，见图 4-5），记录点位 P1。移动工业机器人 *Z* 轴向下到达点 1（见图 4-6），记录点位 P2。移动 *X* 轴到达点 2（见图 4-7），记录点位 P3。移动 *Y* 轴到达点 3（见图 4-8），记录点位 P4。移动 *X* 轴到达点 4（见图 4-9），记录点位 P5。移动 *Y* 轴回到点 1，记录点位 P6。

6. 单击工具栏中的 ▶ 按钮，观察运行轨迹是否满足控制要求。

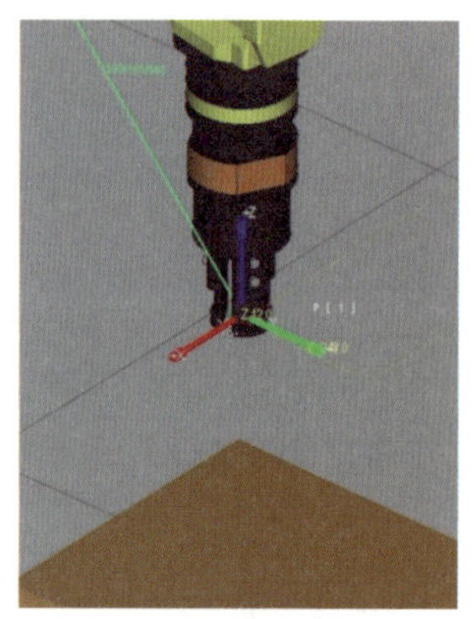

图 4-5　点 1 上方

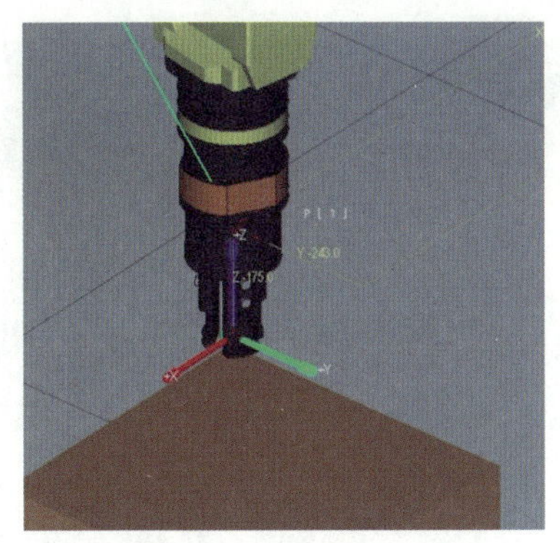

图 4–6　点 1

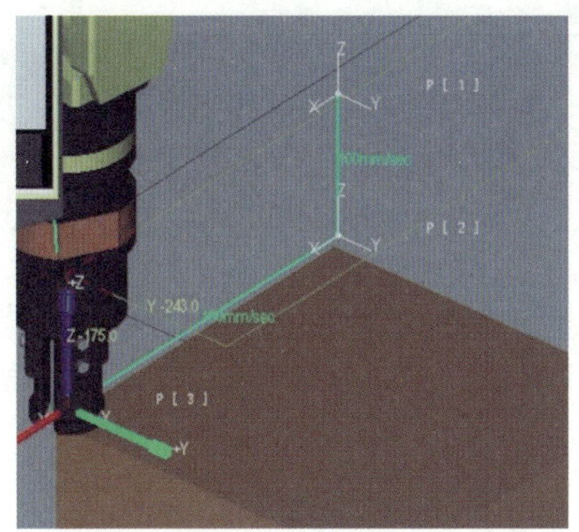

图 4–7　点 2

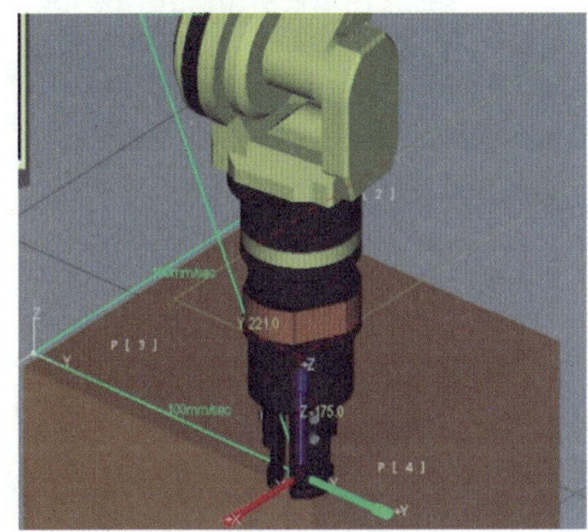

图 4–8　点 3

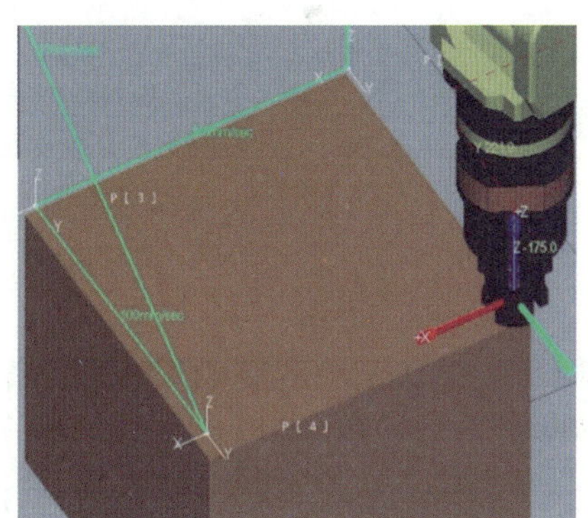

图 4–9　点 4

二、圆形轨迹的仿真

1. 新建一个工业机器人工作单元，添加一个合适的工具（如 CAD 模型库中的 3jaw_Gripper），再添加一个圆柱体夹具作为参照物，将圆柱体手动移动至适当位置并检查工件是否在工业机器人工作区域内，方法同前所述，如图 4–10 所示。

2. 打开虚拟示教器，单击示教器的“SELECT”键后单击“创建”，创建一个新程序，并命名为“YX”。

3. 单击“编辑”，进入程序编辑，添加线性运动指令和圆弧指令，编写绘制圆形轨迹的程序，如图 4–11 所示。

4. 单击“POSN”键，手动输入数值，使工具垂直于圆柱体表面。

5. 移动工业机器人到圆柱体表面点 1 上方约 100 mm 位置（见图 4–12），记录点位 P1。移动工业机器人 *Z* 轴到达点 1（见图 4–13），记录点位 P2。移动工业机器人 *X* 和 *Y* 轴到达点 2（见图 4–14），记录点位 P3。移动工业机器人 *X* 和 *Y* 轴到达点 3（见图 4–15），记录点位 P5。移动工业机器人 *X* 和 *Y* 轴到达点 4（见图 4–16），记录点位 P4。移动工业机器人 *X* 和 *Y* 轴回到点 1，记录点位 P6。

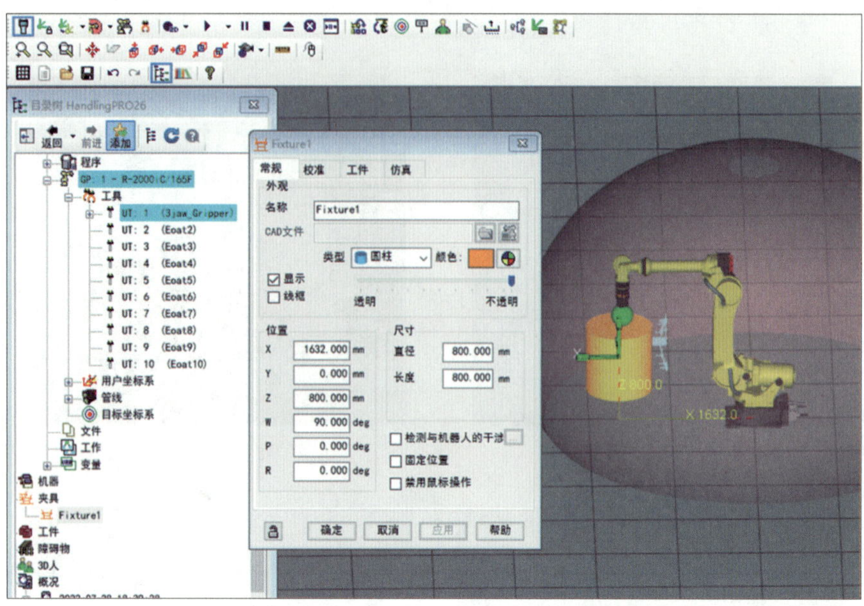

图 4-10　检查工件是否在工业机器人工作区域内

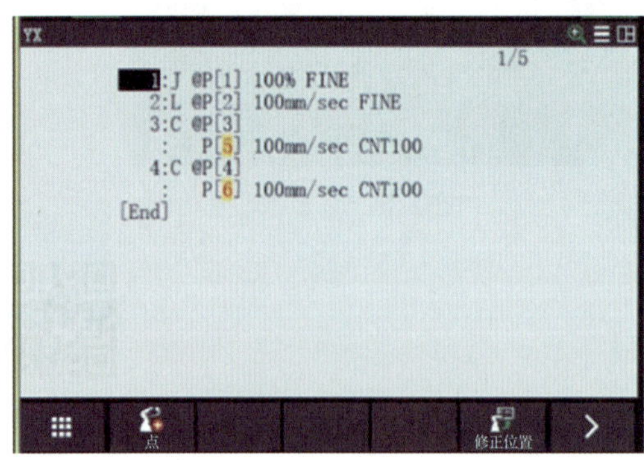

图 4-11　编写程序

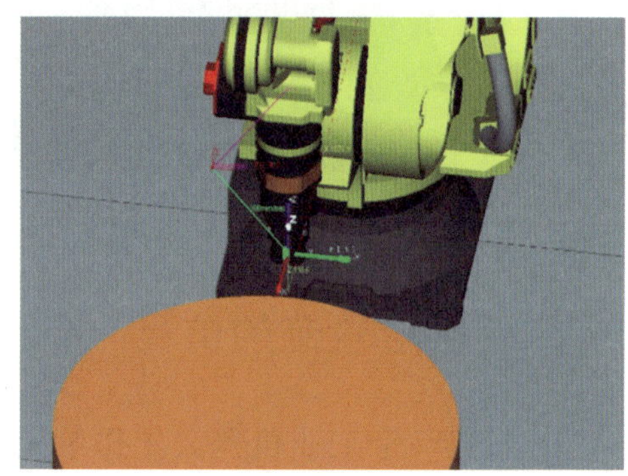

图 4-12　点 1 上方

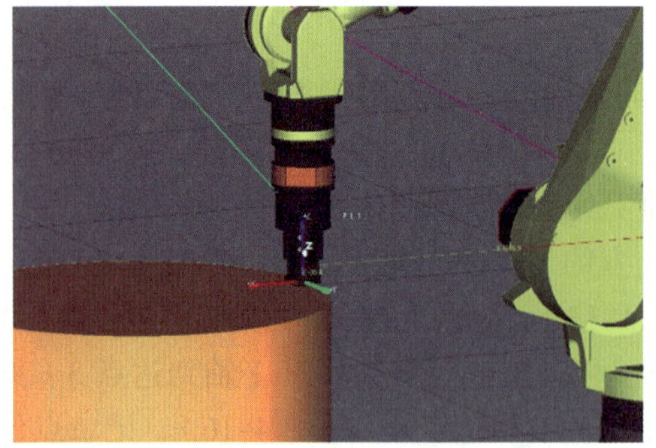

图 4-13　点 1

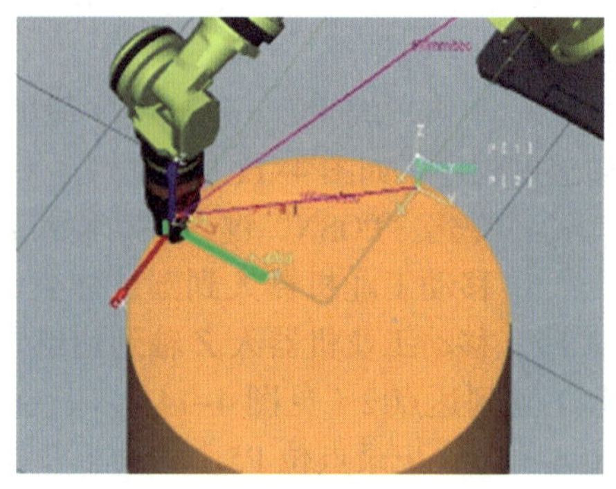

图 4-14　点 2

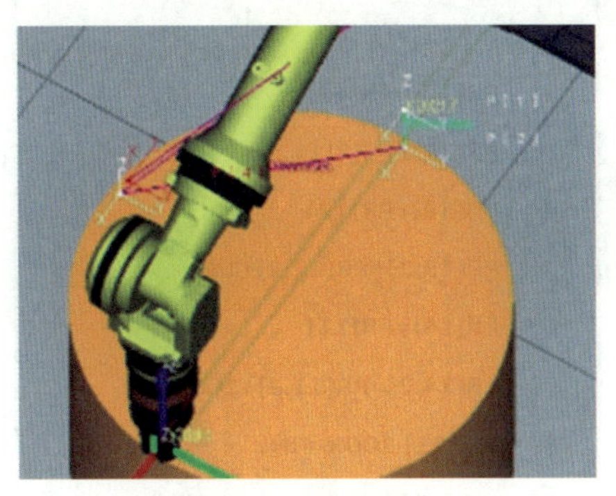

图 4-15　点 3

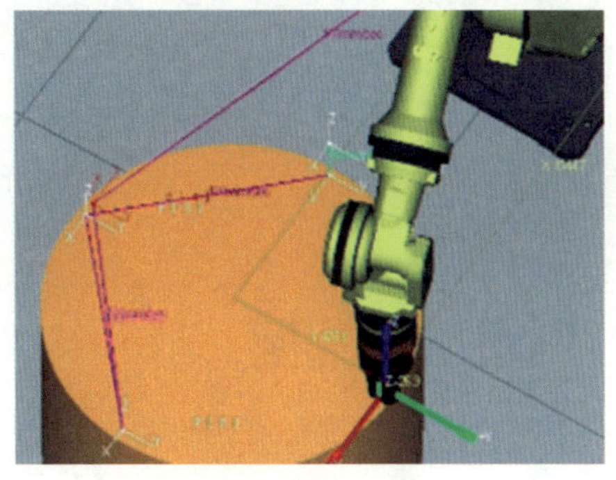

图 4-16　点 4

6. 单击工具栏中的 ▸ 按钮，观察运行轨迹是否满足控制要求。

7. 如果程序不符合控制要求，可在“概况”中右击轨迹，单击“删除”，清除多余轨迹，如图 4-17 所示。

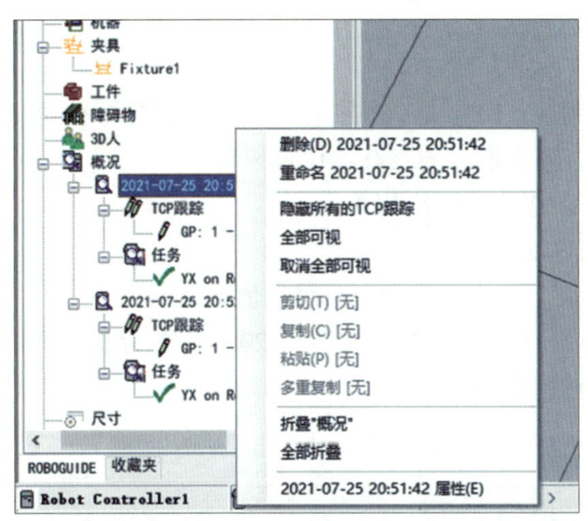

图 4-17　清除多余轨迹

三、偏移函数的使用

在实际工作中，对于一些按规律排列的点位，大量示教工作点往往会降低工作效率。可利用 offset 指令或位置寄存器 PR［ ］进行程序编写，在 ROBOGUIDE 软件中绘制正方形轨迹。通过此方法，只需在空间内示教一个参考点，不需要参考物体，即可绘制一个正方形，正方形其他点位的坐标是通过位置寄存器 PR［ ］进行计算或运用 offset 指令配合位置寄存器 PR［ ］得出的，如图 4-18 所示。

1. 利用 PR［ ］寄存器编写正方形程序

（1）创建程序 TEST1。

（2）进入编辑界面，单击“指令”→“数值寄存器”。

（3）使用“数值寄存器”指令，按图 4-19 所示程序输入 1～7 行。

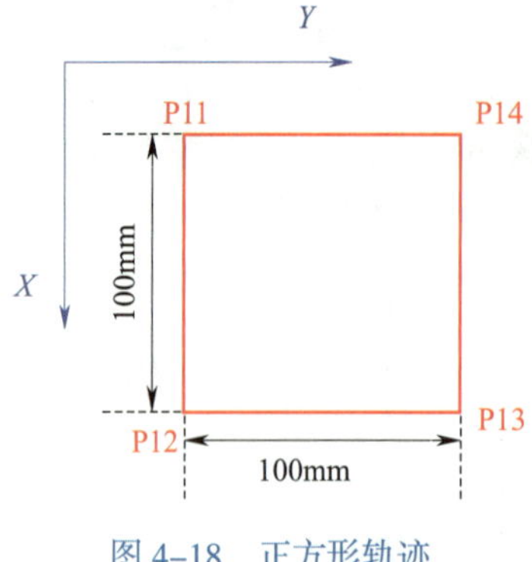

图 4-18　正方形轨迹

```
PR[11]=LPOS
PR[12]=PR[11]
PR[12,1]=PR[11,1]+100
PR[13]=PR[12]
PR[13,2]=PR[12,2]+100
PR[14]=PR[11]
PR[14,2]=PR[11,2]+100
J PR[11] 100% FINE
L PR[12] 2000mm/sec FINE
L PR[13] 2000mm/sec FINE
L PR[14] 2000mm/sec FINE
L PR[11] 2000mm/sec FINE
[ END ]
```

图 4-19　工业机器人程序

（4）按“Shift”键 +“F1”键，添加运动指令，将光标移至“P［ ］”处，按“F4”键并选择“PR［ ］”，输入适当的寄存器位置编号。

2. 利用 offset 指令编写正方形程序

（1）创建程序 TEST2。

（2）进入编辑界面，单击“指令”→“数值寄存器”。

（3）使用“数值寄存器”指令，按图 4-20 所示程序输入 1～3 行，将 PR［1］寄存器 X 轴、Y 轴、Z 轴的数据赋值为 0。

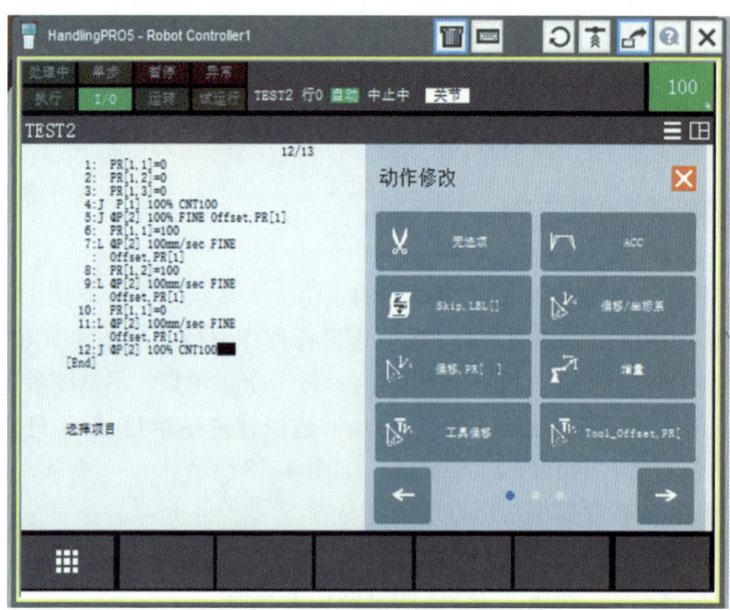

图 4-20　程序编辑画面

（4）按“Shift”键 +“F1”键，记录任意位置后，将光标移至“FINE”后，单击“偏移，PR［ ］”，设置偏移量，通过赋值 PR［1，1］=100 将 X 轴偏移量输入寄存器，赋值 PR［1，2］=100 将 Y 轴偏移量输入寄存器，完成程序的输入。

（5）运行仿真，观察轨迹是否符合要求，若不符合要求应根据轨迹修改程序，如图 4–21 所示。

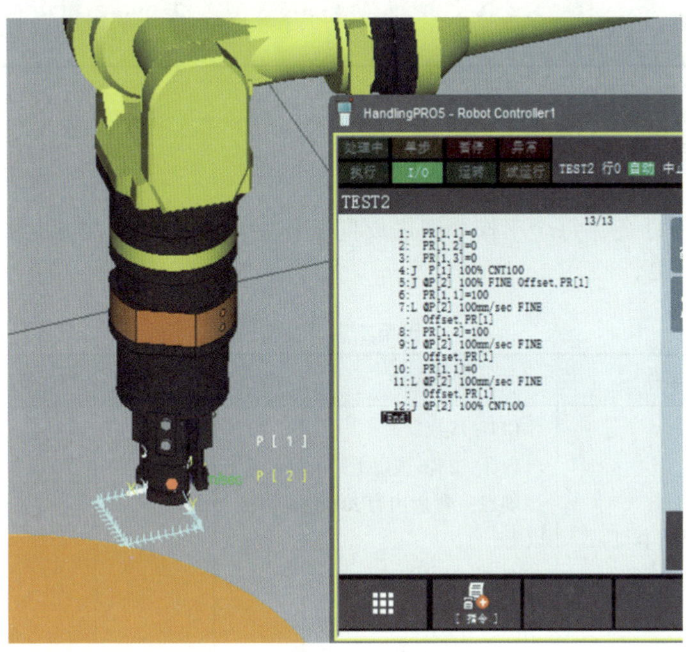

图 4–21　运行仿真

任务实施

一、分组并制订工作计划

查阅相关资料，了解任务实施的基本步骤，结合实际情况，制订小组工作计划，完成表 4–1。

表 4–1　小组工作计划

任务名称	目标要求	组员姓名	任务分工	备注
	1. 小组成员分工合作 2. 明确制订计划的方法与步骤 3. 完成生产任务			组长

续表

完成任务的方法与步骤	

二、准备外围设备、工具

为完成工作任务，每个工作小组需要向工作站内仓库工作人员提供借用工具、设备清单，见表 4–2。

表 4–2　借用工具、设备清单

序号	名称	型号规格	数量	归还时间	学生签名	管理员签名
1	编程计算机	CPU：I5 或以上 内存：2 GB 或以上 硬盘：剩余内存 20 GB 以上 显卡：独立显卡 操作系统：Windows 7 或以上	1 套			
2	编程软件	ROBOGUIDE	1 套			
3	FANUC ROBOGUIDE 操作手册		1 本			

三、任务实施

1. 正方形轨迹的仿真

查阅资料，通过 ROBOGUIDE 软件完成工业机器人工作单元中正方形轨迹的仿真。记录进行正方形轨迹仿真操作过程中遇到的问题，并提出解决方法，填入表 4–3。

表 4–3　正方形轨迹仿真操作练习情况记录表

遇到的问题	解决方法

2. 圆形轨迹的仿真

查阅资料，通过 ROBOGUIDE 软件完成工业机器人工作单元中圆形轨迹的仿真。记录进行圆形轨迹仿真操作过程中遇到的问题，并提出解决方法，填入表 4–4。

表 4–4　圆形轨迹仿真操作练习情况记录表

遇到的问题	解决方法

想一想　练一练

使用 ROBOGUIDE 软件，新建一个以 R–2000iC 型工业机器人为主体的工作单元，进行以下操作练习：

1. 熟悉 ROBOGUIDE 软件界面及虚拟示教器的使用。
2. 熟悉 ROBOGUIDE 软件视图的平移、旋转、缩放等操作。
3. 熟悉 ROBOGUIDE 软件常用的工具按钮。
4. 熟悉 ROBOGUIDE 工作单元的新建步骤。
5. 运用 ROBOGUIDE 软件分别绘制三角形及圆形轨迹（利用 offset 指令）。

任务测评

对任务实施的完成情况进行检查，并将结果填入表 4–5。

表 4–5　任务测评表

班级： 小组： 姓名：		指导教师： 日期：				
评价项目	评价标准	评价依据	评价方式			得分小计
			学生自评（20%）	小组互评（30%）	教师评价（50%）	
职业素养（30 分）	1. 遵守企业规章制度、劳动纪律 2. 按时按质完成工作任务 3. 积极主动承担工作任务，勤学好问 4. 保障人身安全与设备安全 5. 工作岗位 6S 完成情况良好	1. 出勤情况 2. 工作态度 3. 劳动纪律 4. 团队协作精神				

续表

评价项目	评价标准	评价依据	评价方式			得分小计
			学生自评（20%）	小组互评（30%）	教师评价（50%）	
专业能力（50分）	1. 能运用ROBOGUIDE软件完成正方形轨迹的仿真 2. 能运用ROBOGUIDE软件完成圆形轨迹的仿真	1. 操作的准确性和规范性 2. 专业技能任务完成情况				
创新能力（20分）	1. 能在任务完成过程中提出有一定见解的方案 2. 能在教学或生产管理方面提出建议，具有创新性	1. 方案的可行性及意义 2. 建议的可行性				
合计						

项目五　用ROBOGUIDE软件实现抓取和摆放工件

学习目标

1. 能叙述运用 ROBOGUIDE 软件设置抓取和摆放工件工作环境的方法。
2. 能叙述运用 ROBOGUIDE 软件创建抓取和摆放工件仿真程序的方法。
3. 能运用 ROBOGUIDE 软件实现工业机器人抓取和摆放工件的编程及调试仿真。

工作任务

图 5–1 所示是一个工业机器人抓取和摆放工件的工作单元。本任务的目标是运用 ROBOCUIDE 软件实现工业机器人抓取和摆放工件，工作单元需要包含以下部分：

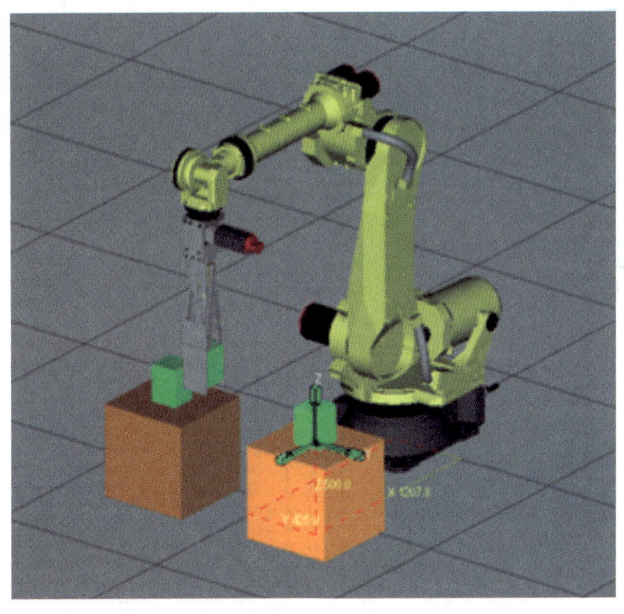

图 5–1　工业机器人抓取和摆放工件的工作单元

1. 一个带有工具的 R-2000iC/165F 工业机器人。
2. 两个放置工件的矩形夹具。
3. 工业机器人抓取工件从一个夹具到另一个夹具的仿真程序。

相关知识

一、设置抓取和摆放工件工作环境

1. 设置工业机器人属性

（1）在目录树中双击目标工业机器人，如图 5-2 所示。

（2）弹出属性设置对话框后，勾选“固定位置”复选框，如图 5-3 所示，确保工业机器人底座不会被移动。锁定后的工业机器人的机座坐标系由绿色变成红色，如图 5-4 所示。

2. 添加手爪并设置 TCP

（1）添加手爪

1）在目录树中双击目标工业机器人文件夹下的“工具”，之后双击 UT：1，弹出图 5-5 所示的选择工具对话框。单击 按钮，在模型库中选择“grippers”→“36005f-200”，如图 5-6 所示。

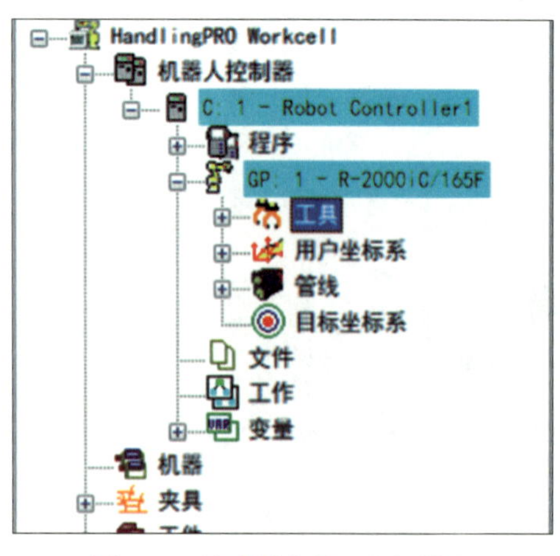

图 5-2　目录树中的工业机器人

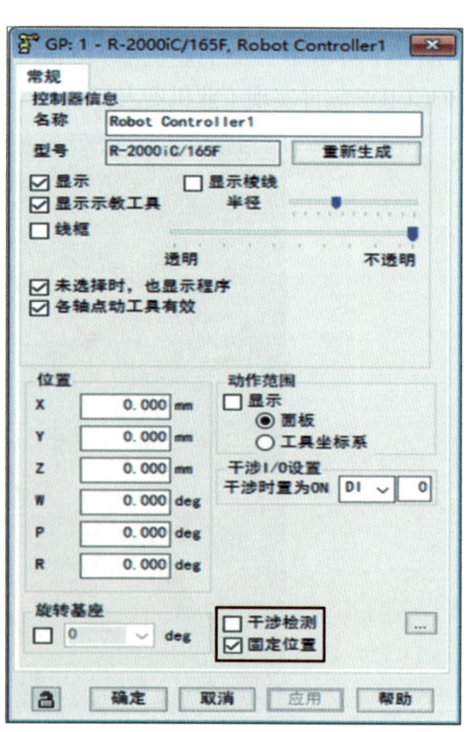

图 5-3　勾选“固定位置”复选框

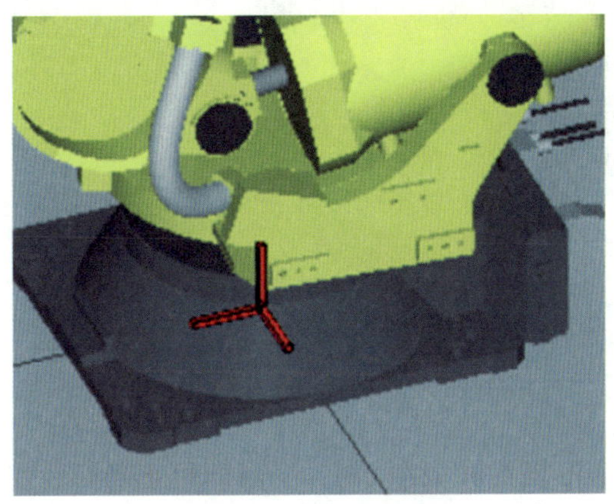

图 5–4　机座坐标系

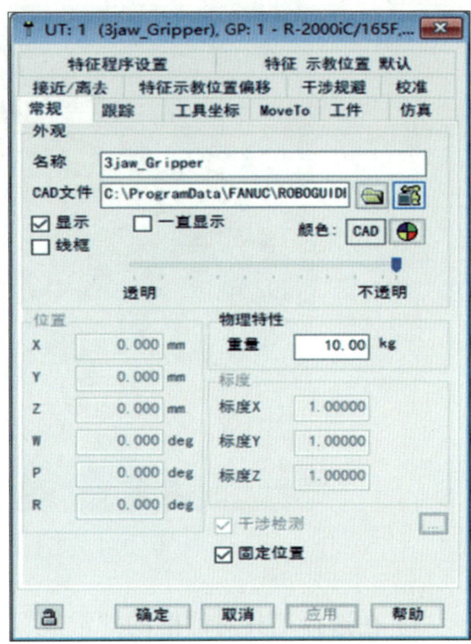

图 5–5　选择工具对话框

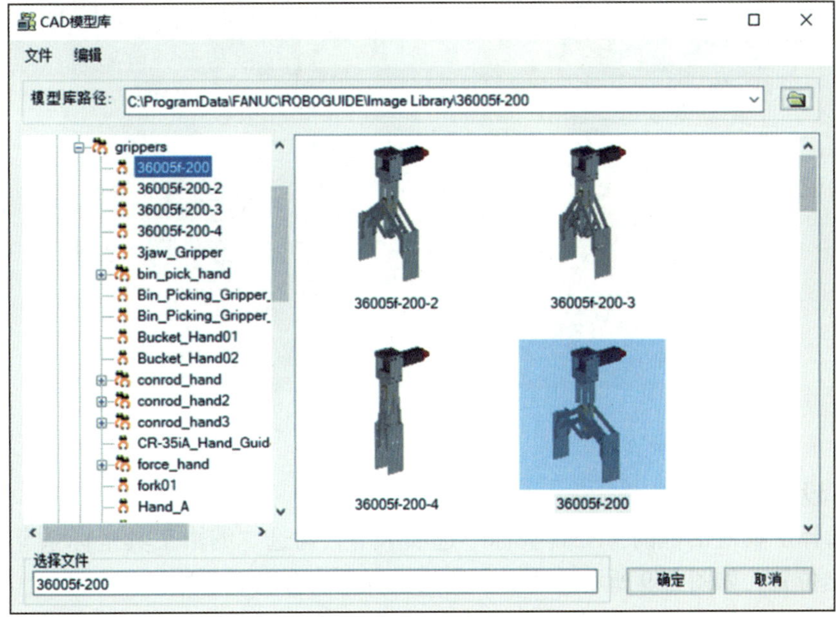

图 5–6　选择“36005f–200”

2）单击“确定”→“应用”，工具出现在工业机器人手部末端，如图 5-7 所示。此时工具没有出现在正确的位置，需要修改工具的位置数据。

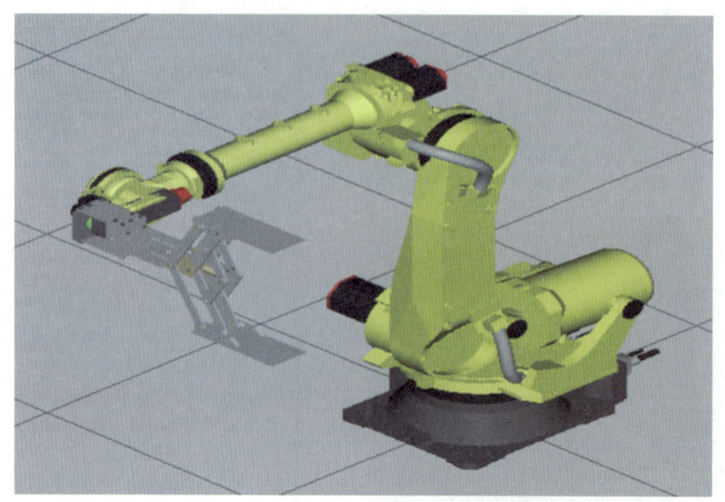

图 5-7　工具出现在工业机器人手部末端

3）在选择工具对话框的“常规”选项卡下设置 *W*=270 deg，工具即可正确安装在工业机器人法兰盘上，如图 5-8 所示。

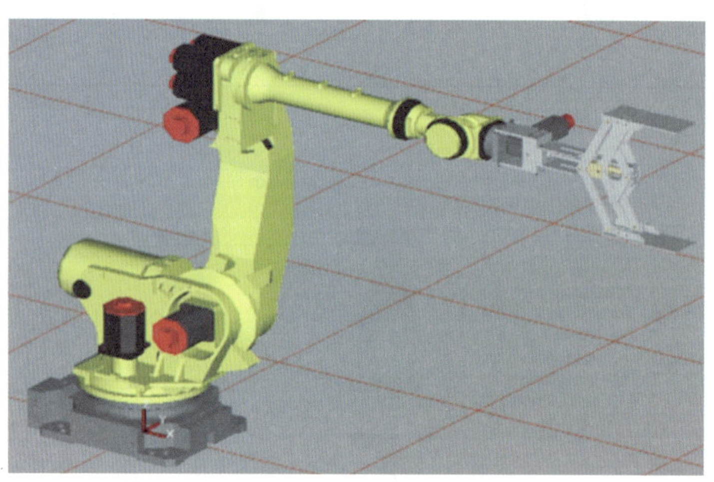

图 5-8　工具的正确安装状态

（2）设置 TCP

在选择工具对话框的“工具坐标”选项卡下，勾选“编辑工具坐标系”复选框，设置 TCP 位置，如图 5-9 所示。TCP 位置的设置方法有以下两种：

方法一：使用鼠标直接拖动画面中的绿色工具坐标系，调整至合适位置。单击“应用坐标系的位置”，软件会自动计算出 TCP 的 *X*、*Y*、*Z* 值，单击“应用”确认。

方法二：直接输入工具坐标系偏移数据。例如，设置 *X*=0 mm、*Y*=0 mm、*Z*=850 mm、*W*=0 deg、*P*=0 deg、*R*=0 deg，单击“应用”确认。

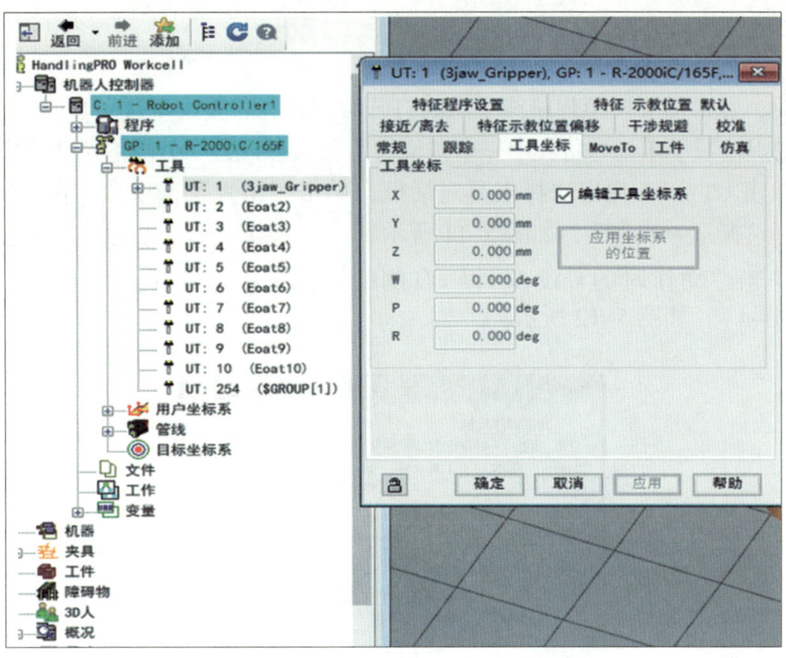

图 5-9　勾选"编辑工具坐标系"复选框

3. 添加抓取和摆放的物体

（1）在目录树中添加两个长方体夹具，分别将两个长方体夹具放置于适当位置，两个长方体夹具的位置和尺寸参数如图 5-10 所示。

（2）在目录树中添加一个长方体工件，设置工件的比例参数为：X=150 mm、Y=150 mm、Z=200 mm，单击"应用"确认。应当注意的是，工件添加完成后并不能马上生效，需附加到夹具上才能使用。

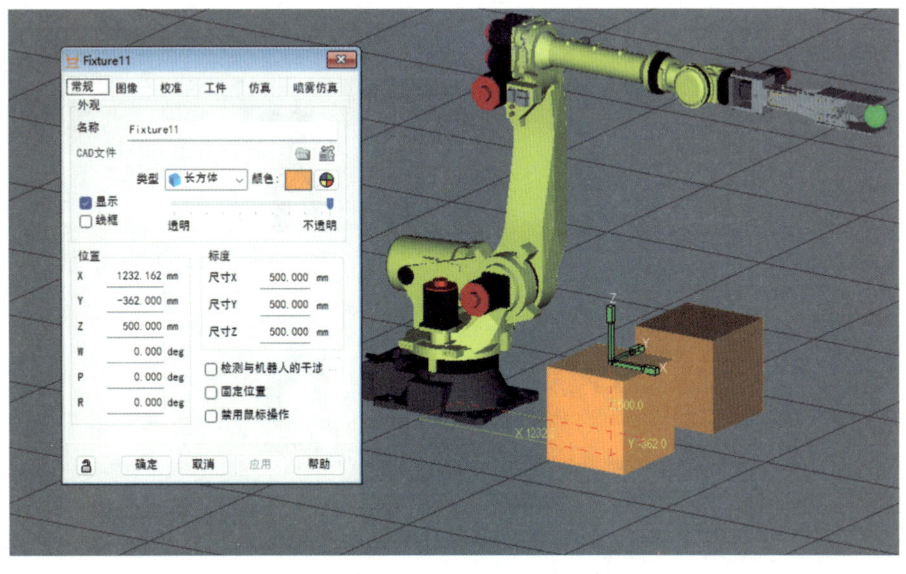

图 5-10　夹具的位置和尺寸参数

4. 设置工件在工具上的位置和方向

仿真时，经常需要模拟焊枪或手爪的打开和闭合，若要实现这个功能，必须先准备两个相同的焊枪或手爪，并将其中一个调整为闭合状态，另一个调整为打开状态。

（1）双击 UT：1，弹出选择工具对话框，单击“仿真”选项卡，在“功能”下拉列表中选择“搬运 - 夹紧”，如图 5–11 所示。

（2）单击“动作时的 CAD 文件”右侧的 按钮，选择关闭状态的工具模型“36005f–200–4”，如图 5–12 所示。

图 5–11 选择“搬运 – 夹紧”

图 5–12 选择“36005f–200–4”

（3）单击“确定”→“应用”，工具将加载到工业机器人上，即可通过单击“手爪开”和“手爪关”模拟工具的打开和闭合。除了单击“手爪开”和“手爪关”，上述功能也可通过单击工具栏中的 按钮实现，工具的打开和闭合如图 5-13 所示。

（4）单击“工件”选项卡，勾选“Part1”复选框，单击“应用”确认。勾选“编辑工件偏移”复选框，设置 Part1 在工具上的位置、方向。设置方法如下：

1）方法一。使用鼠标直接拖动画面中 Part1 上的坐标系，调整至合适位置，单击“应用”确认。

2）方法二。直接输入偏移数据。例如，设置 X=0 mm、Y=–850 mm、Z=0 mm、W=–90 deg、P=0 deg、R=0 deg，如图 5-14 所示，单击“应用”确认。

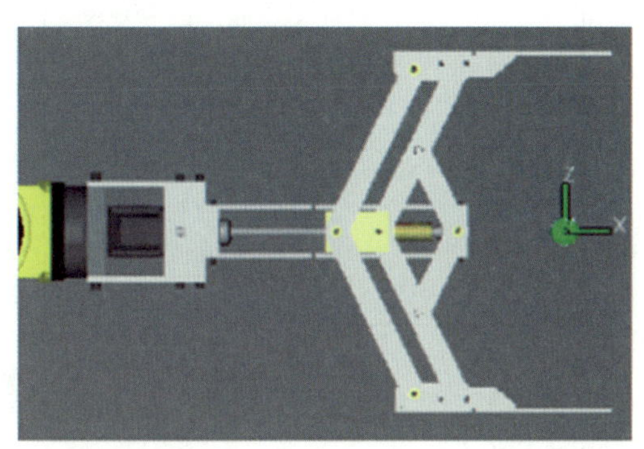

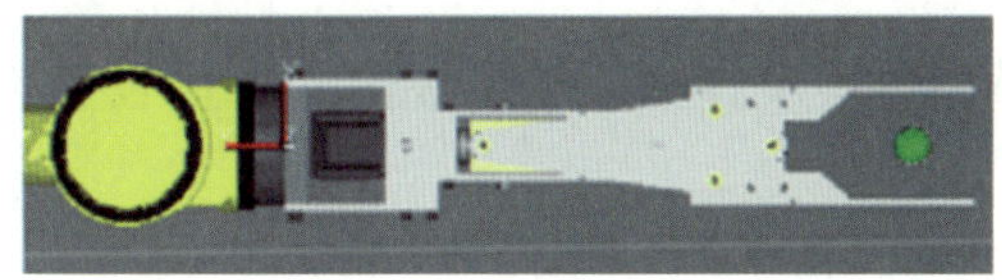

图 5-13　工具的打开和闭合

图 5-14　输入偏移数据

5. 设置工件在夹具上的位置和方向

（1）双击目录树中的 Fixture 1，单击“工件”选项卡，勾选“Part 1”复选框，单击“应用”确认。勾选“编辑工件偏移”复选框，设置工件在夹具上的位置和方向。设置方法如下：

1）方法一。使用鼠标直接拖动画面中 Part 1 上的坐标系，调整至合适位置，单击“应用”确认。

2）方法二。直接输入偏移数据。例如，设置 X=0 mm、Y=0 mm、Z=200 mm、W=0 deg、P=0 deg、R=0 deg，单击“应用”确认，如图 5-15 所示。

（2）单击“仿真”选项卡下的“Part 1”，勾选“允许抓取工件”和“允许放置工件”复选框（默认勾选），说明这个夹具上的工件可以被抓取和放置。修改“废弃延迟时间”为 2 s，如图 5-16 所示，表明工件被放置 2 s 后会自动消失。

（3）对 Fixture 2 重复以上操作。

图 5-15　输入偏移数据

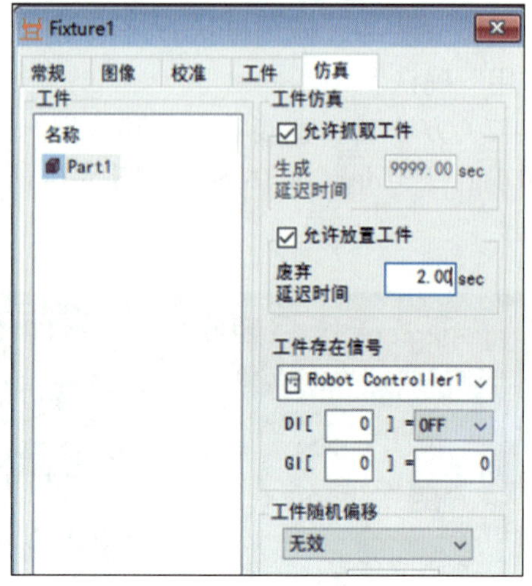
图 5-16　设置废弃延迟时间

二、创建仿真程序

1. 打开虚拟示教器，单击“POSN”键，选中“各轴”单选按钮，将 J5 设置为 -90 deg，使工具垂直于工件。

2. 右击目录树中的“程序”，单击“创建仿真程序”，如图 5-17 所示。

3. 在弹出的“创建程序”对话框中输入程序名称，如图 5-18 所示。

图 5-17　创建仿真程序

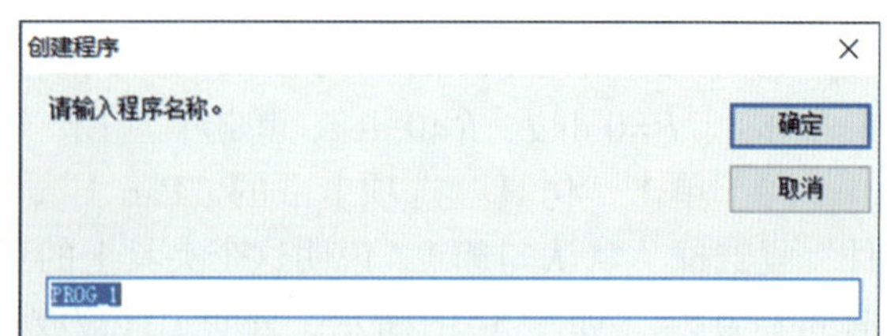
图 5-18　输入程序名称

4. 单击“确定”后，弹出图 5-19 所示的“编辑仿真程序”界面，可以进行程序编辑。“编辑仿真程序”界面中各常用按钮的功能如下：

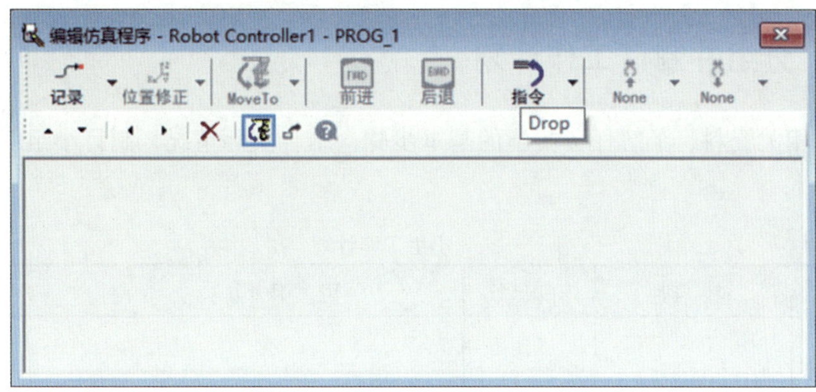

图 5-19　“编辑仿真程序”界面

（1）记录：生成动作指令。

（2）位置修正：修正位置。

（3）MoveTo：移动至已记录的位置点。

（4）前进：顺序执行指令。

（5）后退：逆序执行指令。

（6）指令：插入控制指令。

编辑仿真程序，程序可参考配套视频。

5. 运行仿真程序，执行效果如图 5-20 所示。

图 5-20　程序执行效果

任务实施

一、分组并制订工作计划

查阅相关资料，了解任务实施的基本步骤，结合实际情况，制订小组工作计划，完成表 5–1。

表 5–1　　小组工作计划

<table>
<tr><th>任务名称</th><th>目标要求</th><th>组员姓名</th><th>任务分工</th><th>备注</th></tr>
<tr><td rowspan="3"></td><td rowspan="3">1. 小组成员分工合作</td><td></td><td></td><td>组长</td></tr>
<tr><td></td><td></td><td></td></tr>
<tr><td></td><td></td><td></td></tr>
<tr><td rowspan="3"></td><td rowspan="3">2. 明确制订计划的方法与步骤
3. 完成生产任务</td><td></td><td></td><td></td></tr>
<tr><td></td><td></td><td></td></tr>
<tr><td></td><td></td><td></td></tr>
<tr><td>完成任务的方法与步骤</td><td colspan="4"></td></tr>
</table>

二、准备外围设备、工具

为完成工作任务，每个工作小组需要向工作站内仓库工作人员提供借用工具、设备清单，见表 5–2。

表 5–2　　借用工具、设备清单

序号	名称	型号规格	数量	归还时间	学生签名	管理员签名
1	编程计算机	CPU：I5 或以上 内存：2 GB 或以上 硬盘：剩余内存 20 GB 以上 显卡：独立显卡 操作系统：Windows 7 或以上	1 套			

续表

序号	名称	型号规格	数量	归还时间	学生签名	管理员签名
2	编程软件	ROBOGUIDE	1 套			
3	FANUC ROBOGUIDE 操作手册		1 本			

三、任务实施

根据任务要求，运用 ROBOGUIDE 软件完成工业机器人抓取和摆放工件工作环境的设置，并完成仿真程序的创建。记录抓取和摆放工件工作环境设置及仿真编程操作过程中遇到的问题，并提出解决方法，填入表 5–3。

表 5–3　　抓取和摆放工件工作环境设置及仿真编程操作练习情况记录表

遇到的问题	解决方法

任务测评

对任务实施的完成情况进行检查，并将结果填入表 5–4。

表 5–4　　任务测评表

班级：____ 小组：____ 姓名：____		指导教师：____ 日期：____				
评价项目	评价标准	评价依据	评价方式			得分小计
			学生自评（20%）	小组互评（30%）	教师评价（50%）	
职业素养（30 分）	1. 遵守企业规章制度、劳动纪律 2. 按时按质完成工作任务 3. 积极主动承担工作任务，勤学好问 4. 保障人身安全与设备安全 5. 工作岗位 6S 完成情况良好	1. 出勤情况 2. 工作态度 3. 劳动纪律 4. 团队协作精神				

续表

评价项目	评价标准	评价依据	评价方式			得分小计
			学生自评（20%）	小组互评（30%）	教师评价（50%）	
专业能力（50分）	1. 能在ROBOGUIDE软件中设置抓取和摆放工件工作环境 2. 能运用ROBOGUIDE软件创建抓取和摆放工件仿真程序	1. 操作的准确性和规范性 2. 专业技能任务完成情况				
创新能力（20分）	1. 能在任务完成过程中提出有一定见解的方案 2. 能在教学或生产管理方面提出建议，具有创新性	1. 方案的可行性及意义 2. 建议的可行性				
合计						

项目六　在ROBOGUIDE软件中运用2D视觉进行位置补偿

1. 能运用 ROBOGUIDE 软件建立视觉工作单元。
2. 能运用 ROBOGUIDE 软件进行 2D 视觉位置补偿。

本任务的主要目标是运用 ROBOGUIDE 软件完成工业机器人视觉工作单元的创建并进行 2D 视觉位置补偿。

视觉工作单元的创建及 2D 视觉位置补偿

1. 在 ROBOGUIDE 软件中新建工业机器人工作单元，单击“6. Group 1 机器人型号”，选择合适的机器人型号，如 LR Mate 200iD，如图 6–1 所示。

2. 一直单击“下一步”到“8. 机器人选项”，在“按定单编号排序”框中搜索“685”，勾选“iRVision 2D Pkg（R685）”复选框，如图 6–2 所示。

3. 在搜索框中继续输入“873”进行搜索，勾选“Vision support tools（J873）”复选框，如图 6–3 所示。

4. 单击“语言”选项卡，进行语言设置，选中“简体中文词典”单选按钮，勾选“选项词典（简体中文）”复选框，如图 6–4 所示。单击“下一步”，直至完成工业机器人工作单元的创建。

5. 在目录树中右击“Vision”，在弹出的快捷菜单中单击“Vision 仿真有效”，如图 6–5 所示，在弹出的对话框中单击“确定”。

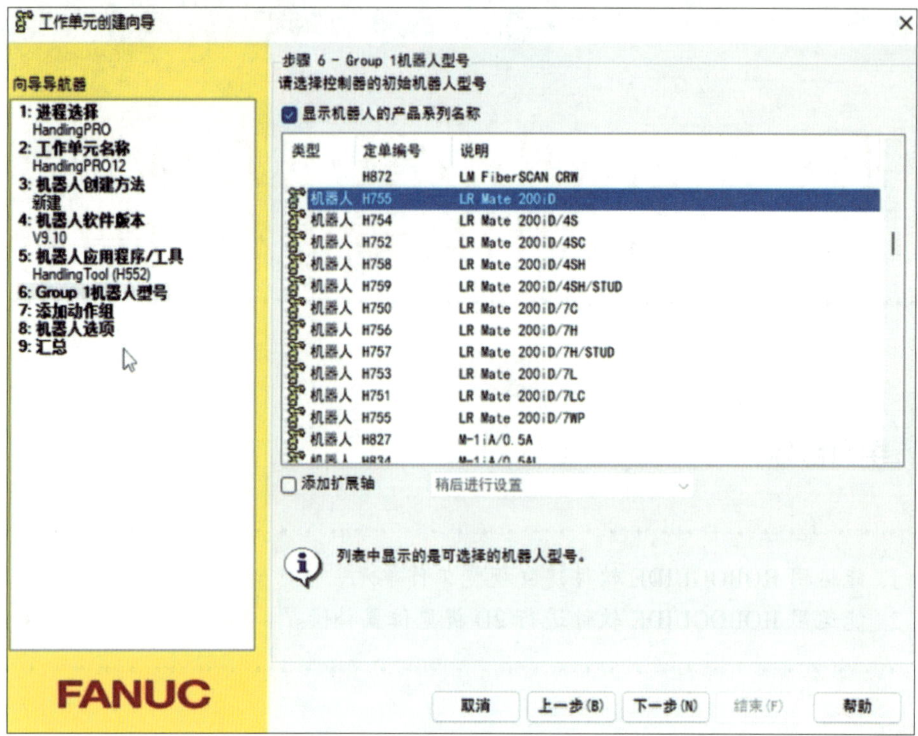

图 6-1　选择合适的机器人型号

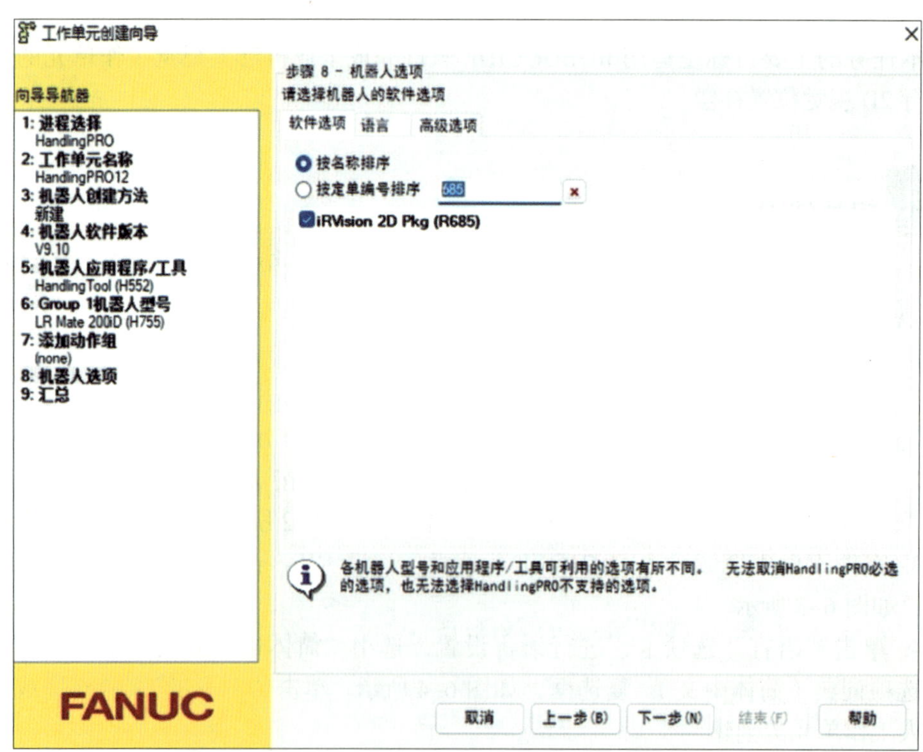

图 6-2　勾选“iRVision 2D Pkg（R685）”复选框

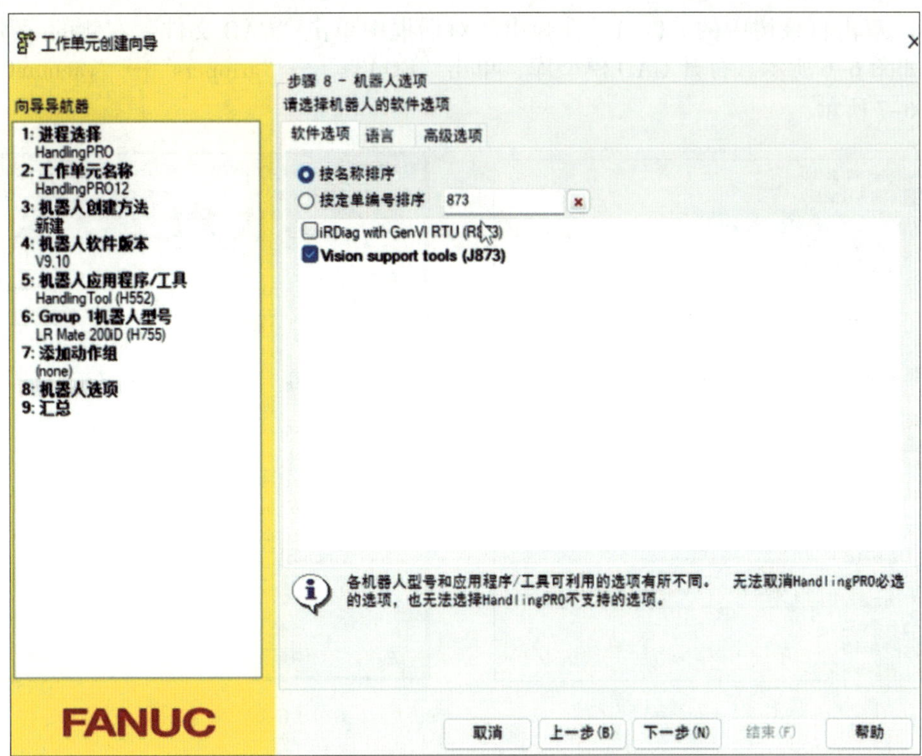

图 6-3　勾选“Vision support tools（J873）”复选框

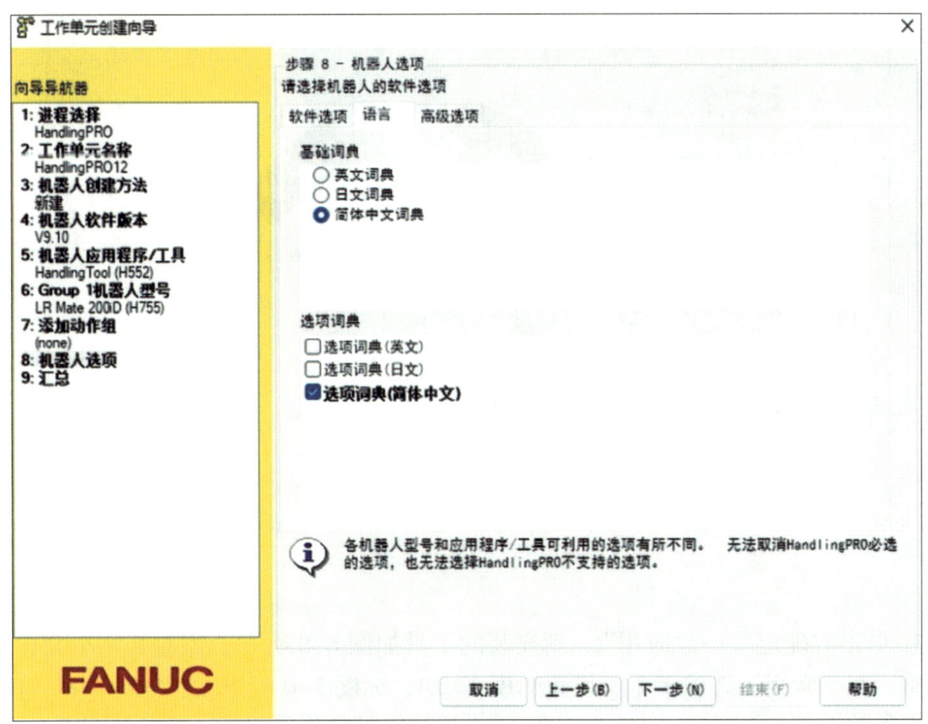

图 6-4　设置语言

6. 双击目录树中的 UT：1，在弹出的对话框中单击“CAD 文件”右侧的按钮，如图 6–6 所示。打开 CAD 模型库，单击“EOATs”→“grippers”→“vacuum01”，如图 6–7 所示。

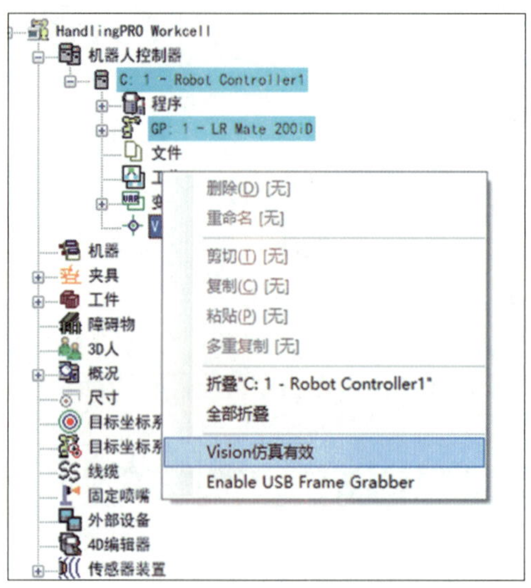

图 6–5　单击“Vision 仿真有效”

图 6–6　单击按钮

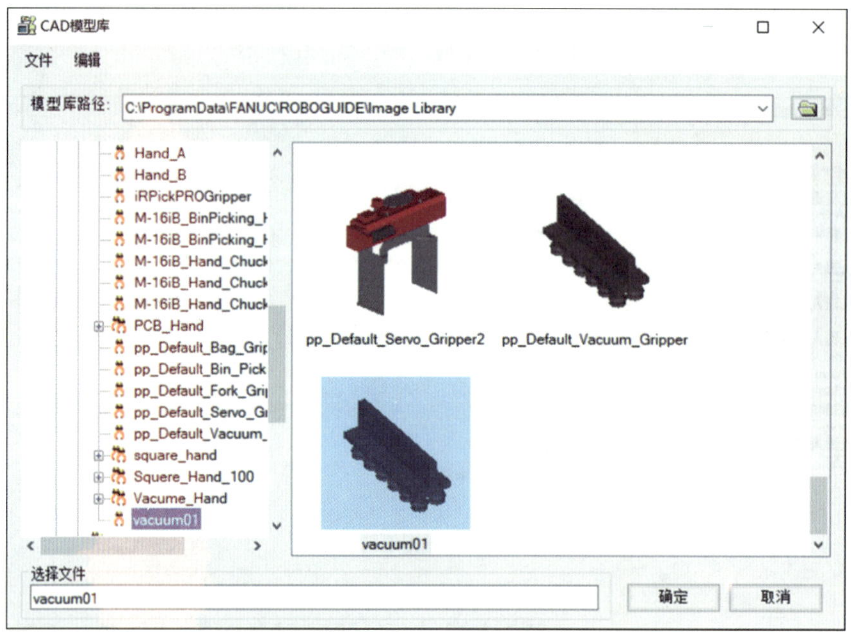

图 6–7　选择吸盘工具

7. 单击“确定”→“应用”，新安装的工具如图 6–8 所示，需对其大小和位置进行调整。在“常规”选项卡下，设置标度 X=0.4、标度 Y=0.4、标度 Z=0.4。在“位置”区域将参数设置为 W=180 deg、R=180 deg，其他位置参数采用默认值，如图 6–9 所示，单击“应用”确认。

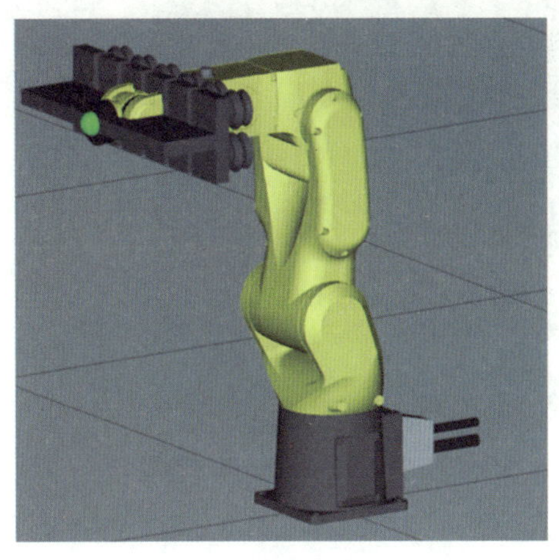

图 6-8　新安装的工具

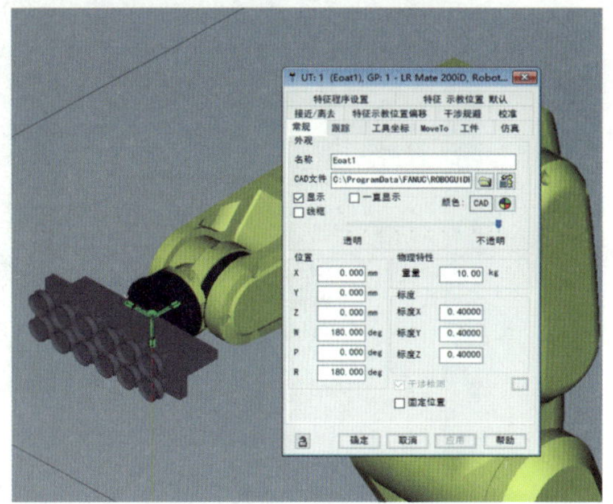

图 6-9　调整工具的大小和位置

8. 打开示教器，单击“POSN”键，调整工具方向，使工业机器人第 5 轴处于向下 90° 的状态，如图 6-10 所示。

9. 设置工具坐标系。双击 UT:1，单击“工具坐标”选项卡，勾选“编辑工具坐标系”复选框，按住鼠标拖拽工具坐标系到吸盘中间位置，单击“应用坐标系的位置”，再单击“应用”，如图 6-11 所示。

10. 添加桌子，具体步骤如下：

（1）添加一个夹具，进入 CAD 模型库，选择所需桌子“table08”，如图 6-12 所示。

（2）打开桌子属性设置对话框，在“常规”选项卡下设置位置 Y=0 mm、位置 Z=0 mm、位置 X=716 mm，如图 6-13 所示。

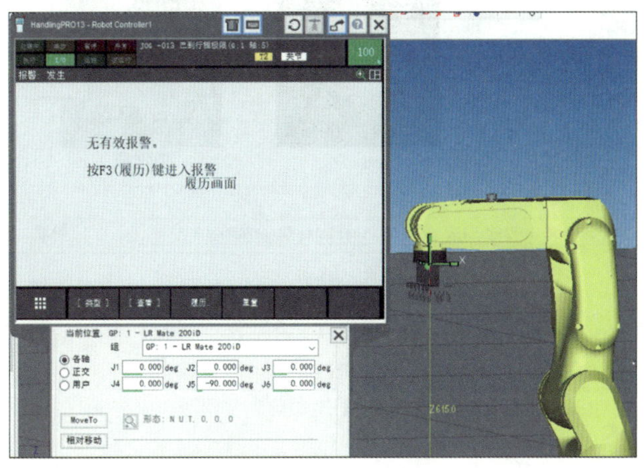

图 6-10　调整工具方向

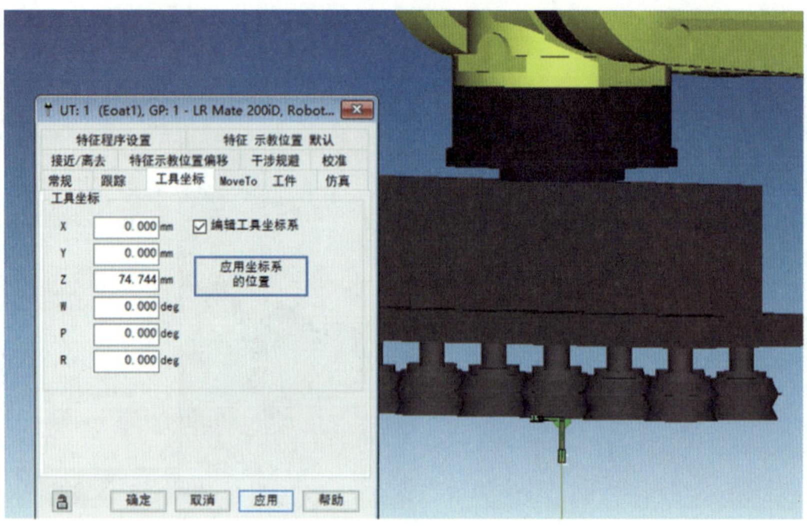

图 6–11 设置工具坐标系

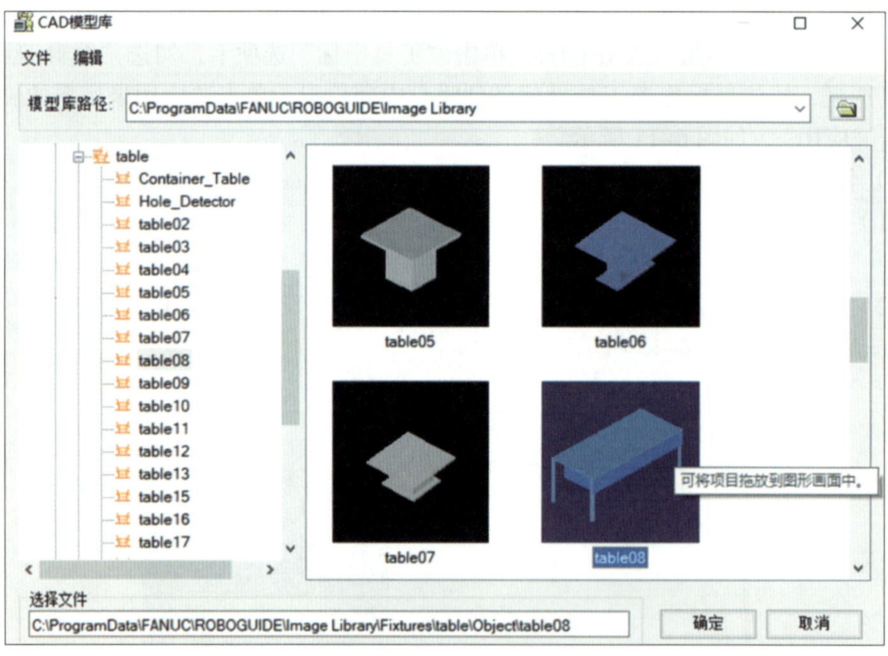

图 6–12 选择 “table08”

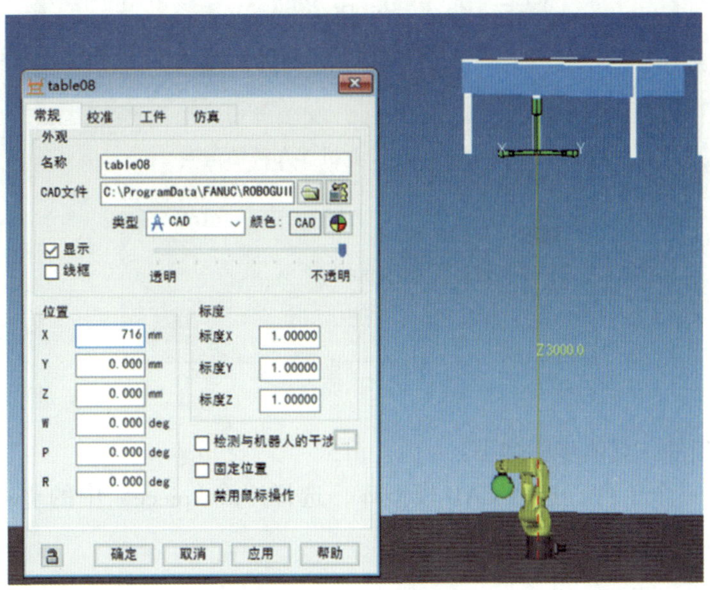

图 6-13　调整桌子位置

（3）拖拽坐标系，将工业机器人放置到桌子台面上，双击工业机器人，勾选“固定位置”复选框，如图 6-14 所示，单击“应用”后工业机器人底座坐标系变为红色。

11. 单击“POSN”键，将运动模式设置为“各轴”，设定工业机器人 J1 ~ J4 轴和 J6 轴角度为 0 deg，J5 轴角度为 –90 deg，如图 6-15 所示。

12. 新建回原点程序，命名为“YD”，程序如图 6-16 所示。

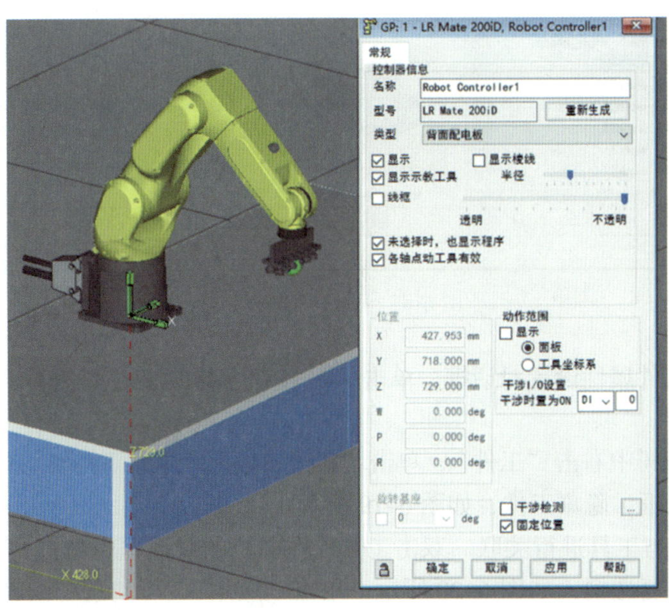

图 6-14　将工业机器人放置到桌子上并勾选“固定位置”复选框

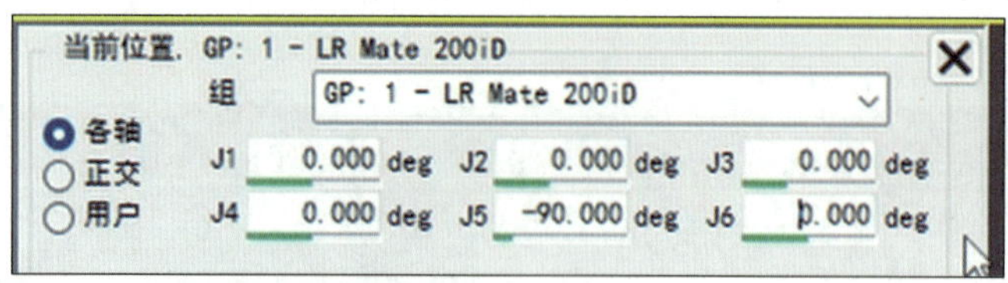

图 6–15　设定工业机器人各轴角度

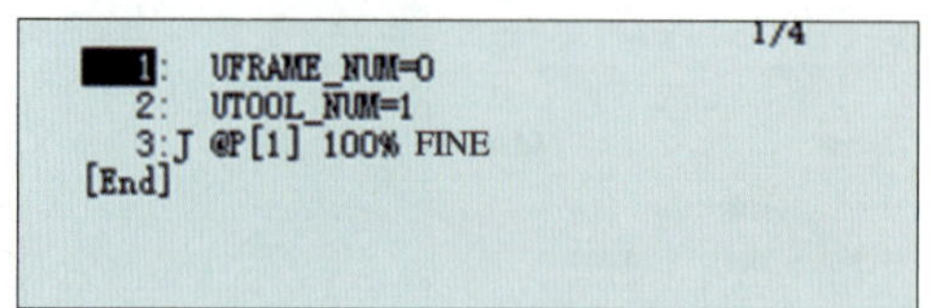

图 6–16　回原点程序

13. 添加工件，具体步骤如下：

（1）添加一个工件，进入 CAD 模型库，选择“workpiece”中的“work01”工件，如图 6–17 所示，单击“确定”。

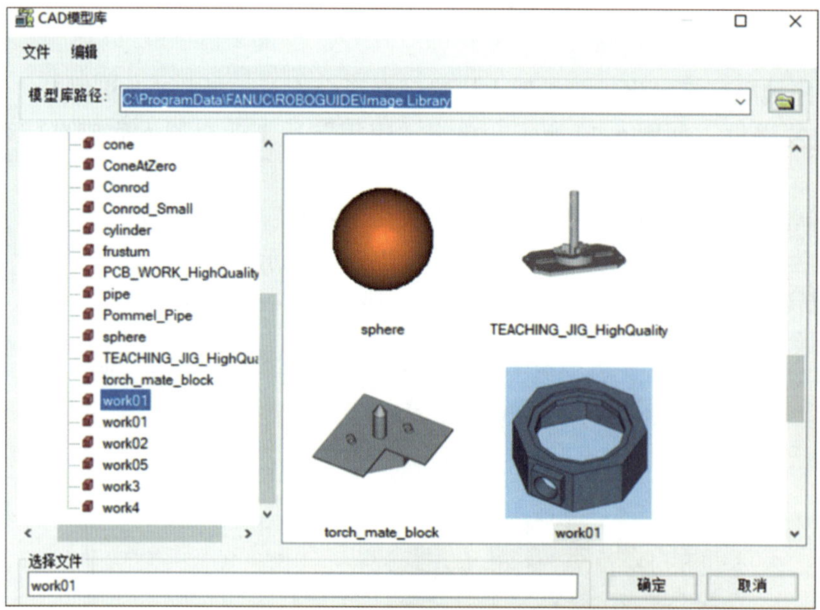

图 6–17　选择“work01”

（2）打开工件属性设置对话框，单击 按钮，修改工件颜色为黑色，如图 6–18 所示。

（3）在目录树中右击“工件”，单击“料架属性”，弹出“料架”对话框，取消勾选“显示”复选框，隐藏工件，如图 6–19 所示。

14. 将工件与工具进行关联。双击工具，在弹出的对话框中单击“工件”选项卡，勾选“work01”复选框，如图 6–20 所示，单击“应用”。可勾选“编辑工件偏移”复选框并设置偏移参数，以修改工件位置。

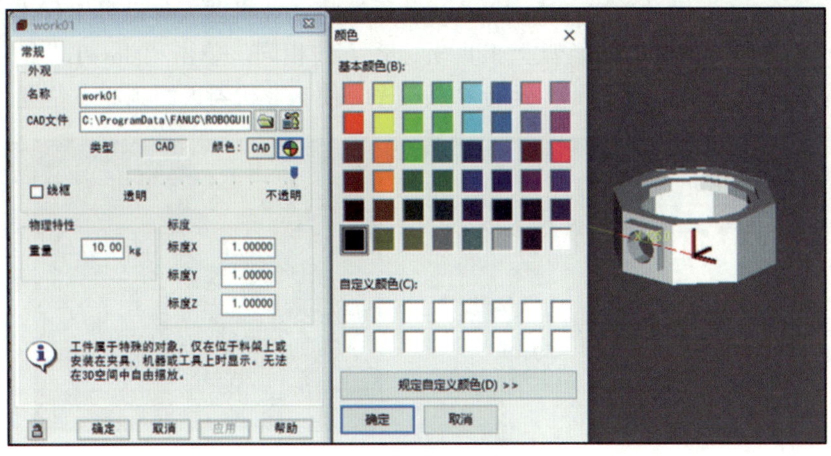

图 6–18　修改工件颜色

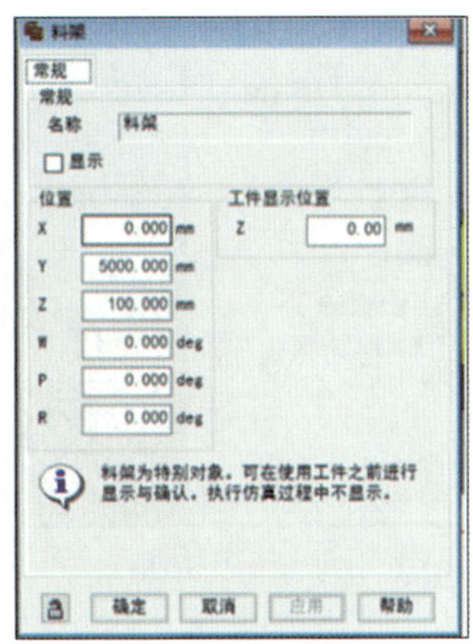

图 6–19　隐藏工件

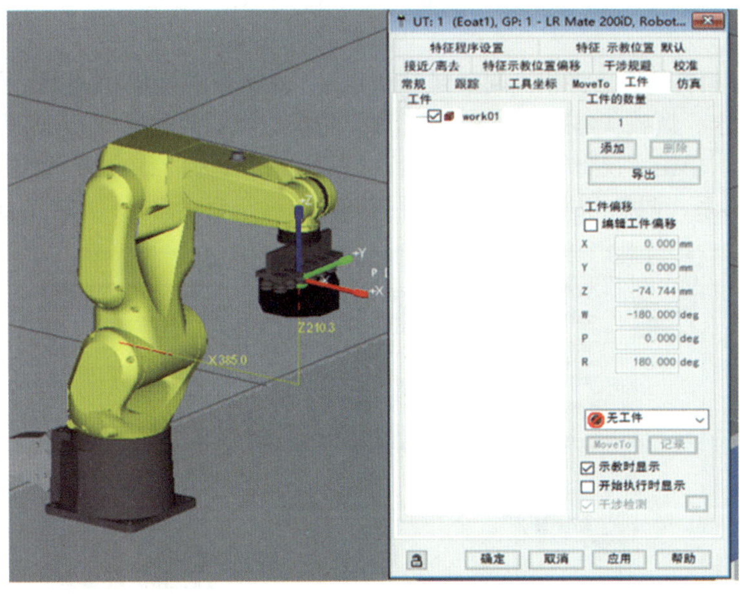

图 6–20　将工件与工具进行关联

15. 按“Shift”键并单击“MoveTo”，若无法将工业机器人移动到工件上，应调整用户坐标系方向，使其与法兰盘上工具坐标系方向相同。单击“MoveTo”，工具应能正确抓取工件，如图 6–21 所示。运行原点程序，使工业机器人回到原点位置。

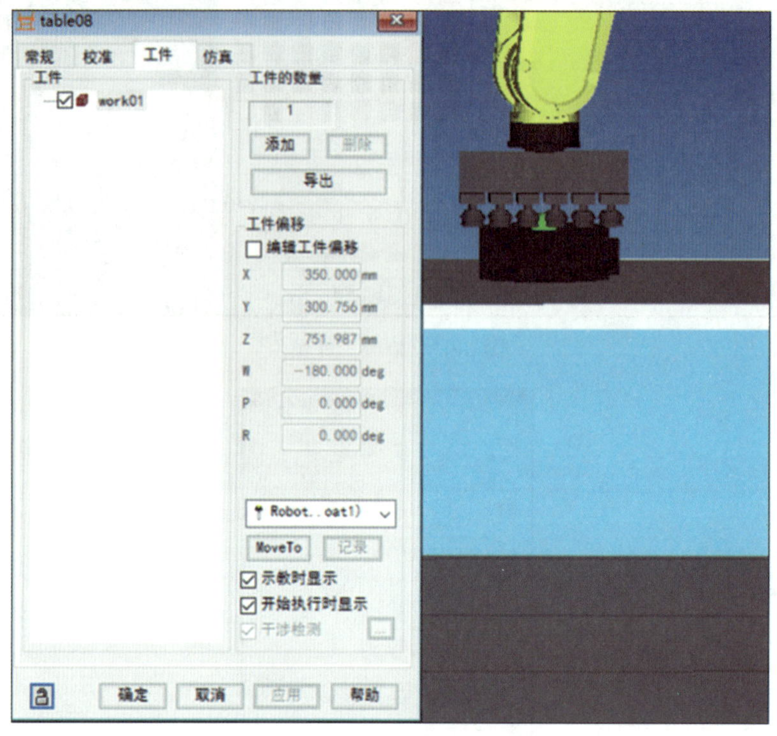

图 6–21　工具正确抓取工件

16. 添加相机。右击目录树中的“传感器装置”，单击“添加视觉传感器”→“添加 2D 相机”→“CAD 模型库”，选择“SC130EF2 BW”摄像头，单击“确定”，如图 6–22 所示。

17. 调整相机位置。将相机调整到工件上方，双击相机打开属性设置对话框，单击“设置”选项卡，调整“焦距”为 8 mm（数字越小，视觉范围越大），如图 6–23 所示，单击“应用”。单击“视野”选项卡，设置“视野高度”为 1 250 mm，如图 6–24 所示。移动相机坐标系，调整相机位置，将视觉投影范围设定到桌面上，如图 6–25 所示。

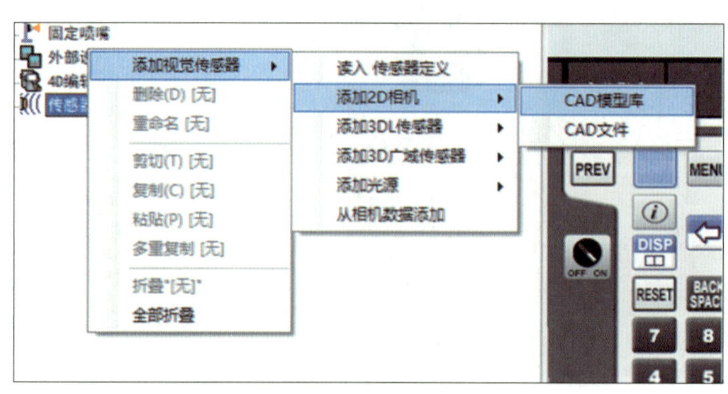

a）

b）

图 6-22　添加 2D 相机

a）进入 CAD 模型库　b）选择目标摄像头

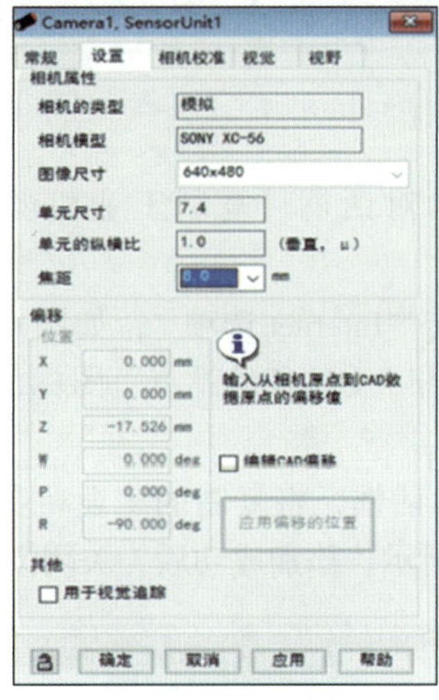

图 6-23　调整焦距

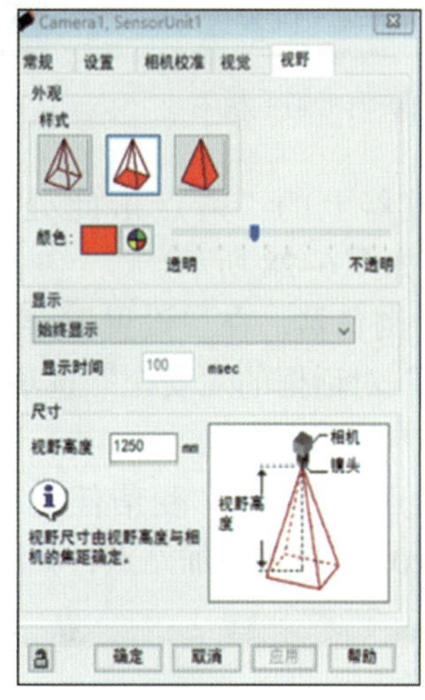

图 6-24　调整视野高度

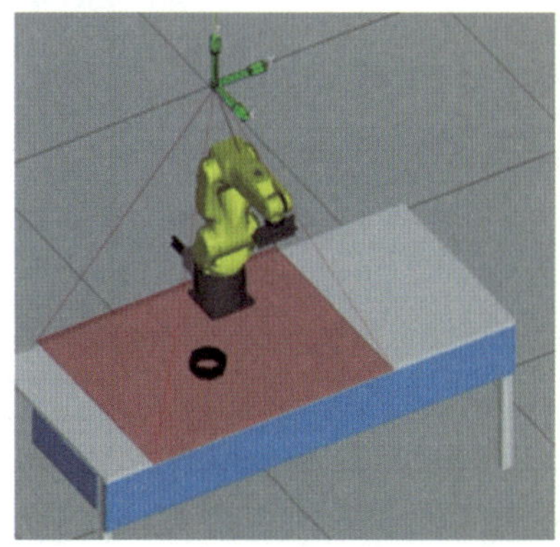

图 6-25　将视觉投影范围设定到桌面上

18. 将相机关联到示教器上。在目录树中右击“Vision”，单击“Vision 属性”，弹出 Vision 属性设置对话框，在“常规”选项卡下的“装置”下拉列表中选择“SensorUnit1 Camera1”，单击“应用”确认，如图 6–26 所示。

19. 在示教器中编程。打开示教器，单击“MENU”键→“8 iRVision”→“1 示教和试验”，如图 6–27 所示。

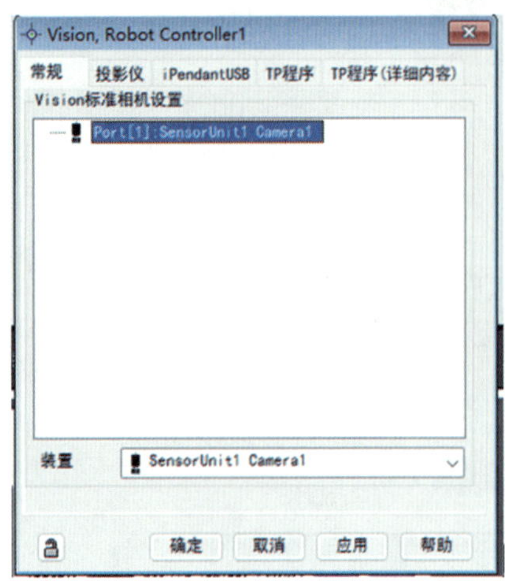

图 6–26 关联相机到示教器上

图 6–27 选择“1 示教和试验”选项

单击示教器上的“请点击此处”，弹出对话框，复制工业机器人的 IP 地址（127.0.0.1），如图 6–28 所示。

打开一个浏览器，在“设置”菜单中单击“Internet 选项”，如图 6–29 所示。在“Internet 选项”对话框的“安全”选项卡下单击“受信任的站点”图标，如图 6–30 所示。

单击“站点”，弹出“受信任的站点”对话框，将复制的工业机器人 IP 地址以“https：//127.0.0.1”格式添加站点，如图 6–31 所示，添加成功后，关闭浏览器。

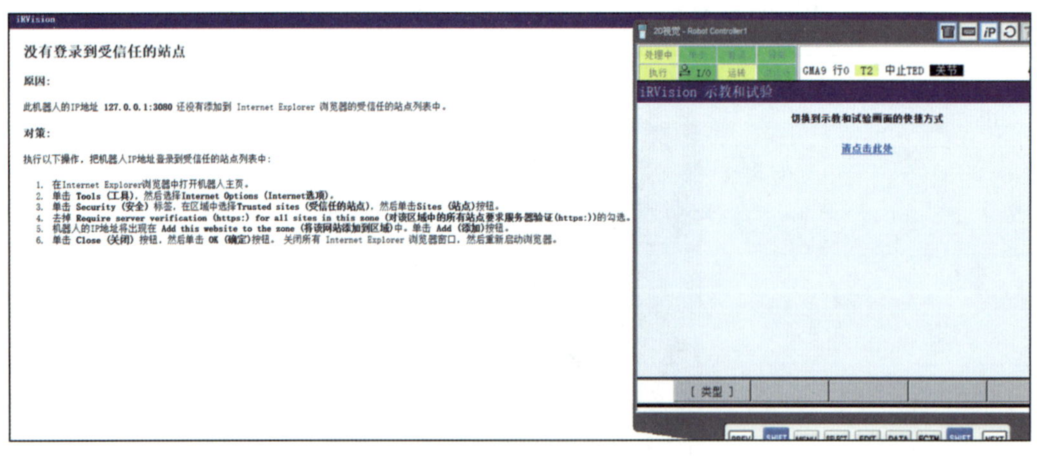

图 6–28 复制工业机器人的 IP 地址

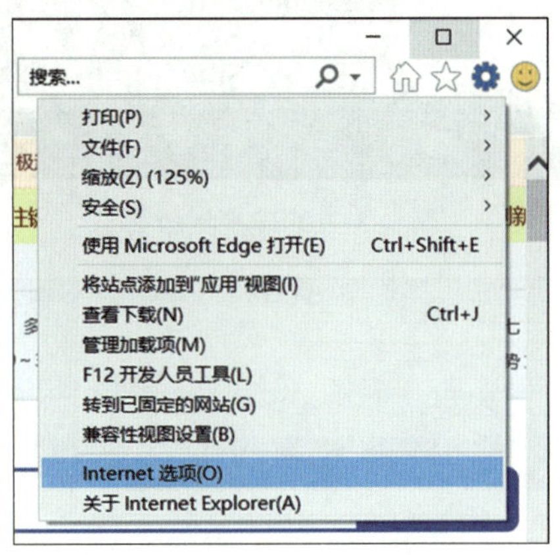

图 6-29　单击"Internet 选项"

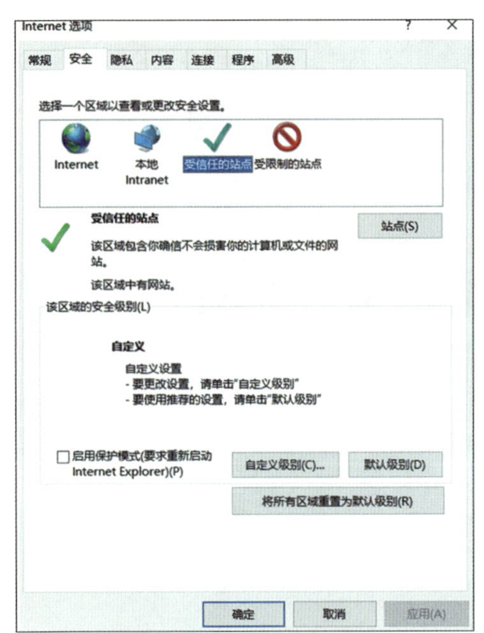

图 6-30　单击"受信任的站点"图标

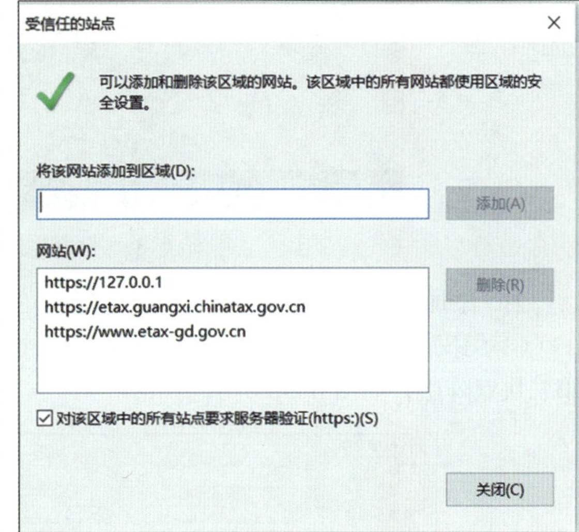

图 6-31　添加站点

20. 进行相机设置。单击示教器上的"请点击此处"链接，弹出图 6-32 所示对话框，单击"允许"。单击"新建"，在新建相机类型中选择"2D Camera"，名称设定为"camera1"，设定完毕后单击"确定"。双击 camera1，进入相机设置界面，在相机设置界面中，将相机类型选择为"SC130EF2"，将"机器人抓取相机"设置为"否"，将"相机校准"设置为标定板校准，单击"保存"→"结束编辑"。操作过程如图 6-33 ~ 图 6-35 所示。

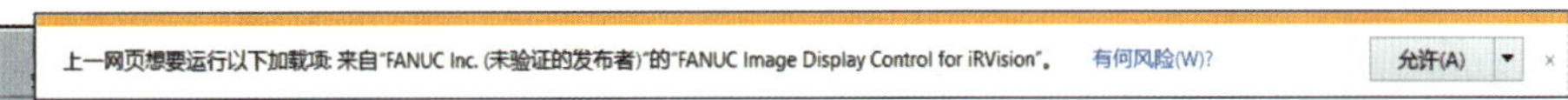

图 6-32　选择对话框

图 6–33　新建视觉数据

图 6–34　设置相机类型和名称

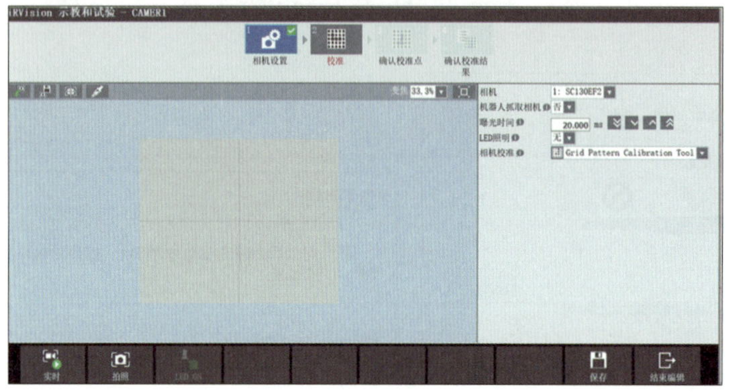

图 6–35　设置相机相关选项

21. 添加点阵板，具体步骤如下：

（1）添加一个夹具，进入 CAD 模型库，选择“vision_dot_pattern_calibration”中的第二块点阵版，如图 6–36 所示。

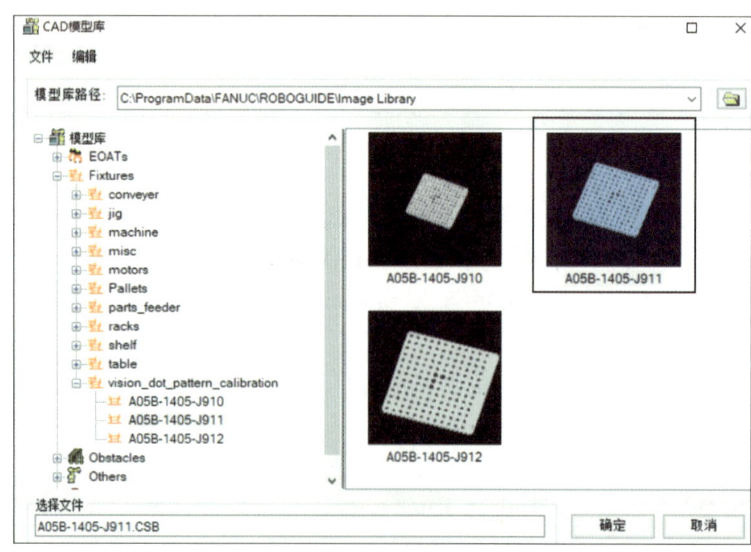

图 6–36　选择点阵板

（2）将点阵板移动到视野中央的工件上方，建立点阵板工件坐标系。双击目录树中的 UF：1，勾选“用户坐标系 编辑”复选框，将出现的坐标系原点拖动到点阵板原点位置，如图 6–37 所示。

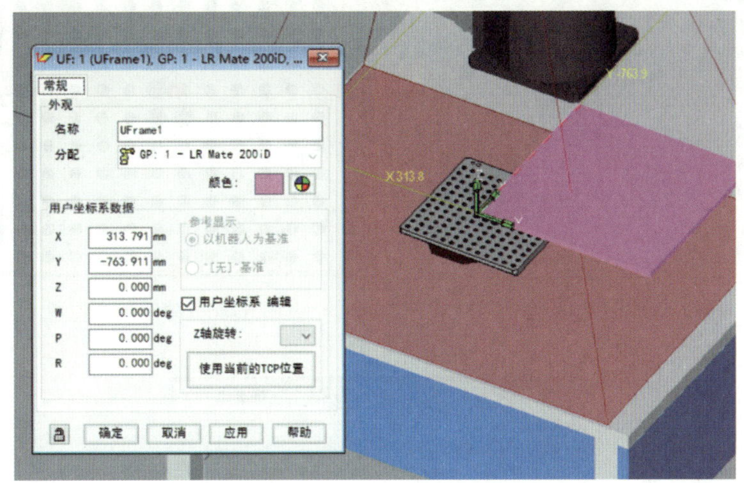

图 6–37　建立点阵板工件坐标系和用户坐标系

22. 通过示教器打开视觉设置界面，单击新建的相机 SC130EF2，进入相机设置界面后，单击“校准”图标，如图 6–38 所示。

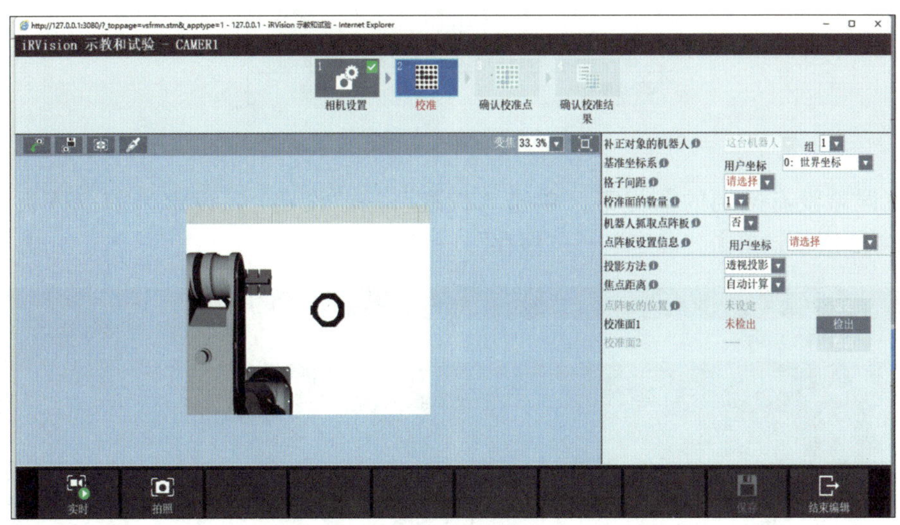

图 6–38　单击“校准”图标

在图 6–39 所示的对话框中设定参数，将“格子间距”设置为 15 mm，“点阵板设置信息”的“用户坐标”设置为用户坐标 1，“焦点距离”设置为 8 mm，如图 6–39 所示。

单击“检出”，拖动粉色边框确定选定位置，如图 6–40 所示，单击“确定”。

单击“确认校准点”图标，查看点位误差，如图 6–41 所示，单击“误差”将点位误差进行排序，将误差大于 0.5 的点位删除。

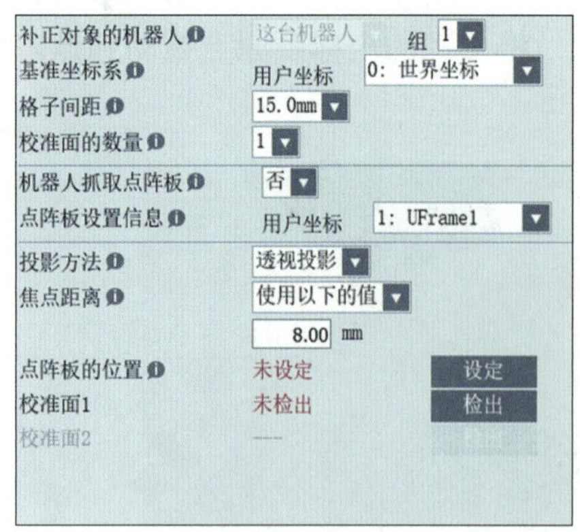

图 6–39　设定参数

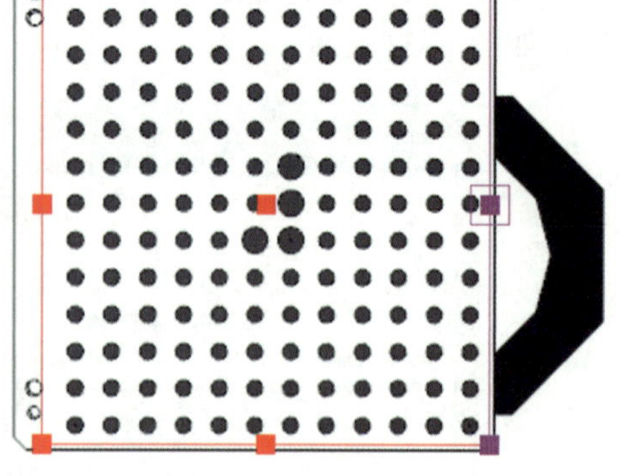

图 6–40　确定选定位置

设定　校准数据　校准点

校准面: 1

#	Vt	Hz	X	Y	Z	误差
1	244.9	334.6	0.0	0.0	0.0	0.052
2	244.8	321.3	15.0	0.0	0.0	0.069
3	258.2	334.6	0.0	15.0	0.0	0.020
4	244.9	307.9	30.0	0.0	0.0	0.036
5	178.1	294.6	45.0	-75.0	0.0	0.134
6	178.3	308.1	30.0	-75.0	0.0	0.071
7	178.2	321.4	15.0	-75.0	0.0	0.046
8	178.2	334.7	0.0	-75.0	0.0	0.041
9	178.2	348.1	-15.0	-75.0	0.0	0.014
10	178.1	361.4	-30.0	-75.0	0.0	0.139
11	178.2	374.8	-45.0	-75.0	0.0	0.023
12	178.2	388.1	-60.0	-75.0	0.0	0.024
13	178.2	401.6	-75.0	-75.0	0.0	0.122
14	191.4	241.5	105.0	-60.0	0.0	0.098
15	191.4	254.8	90.0	-60.0	0.0	0.051

记录点序号:　删除

图 6–41　查看点位误差

在误差没有问题的前提下，单击“校准”→“设定”，设定当前点阵板位置，如图 6–42 所示，单击“确定”→“保存”→“结束编辑”。

图 6–42　设定当前点阵板位置

返回工业机器人操作界面，右击目录树中的点阵板，将点阵板暂时隐藏，如图 6–43 所示。

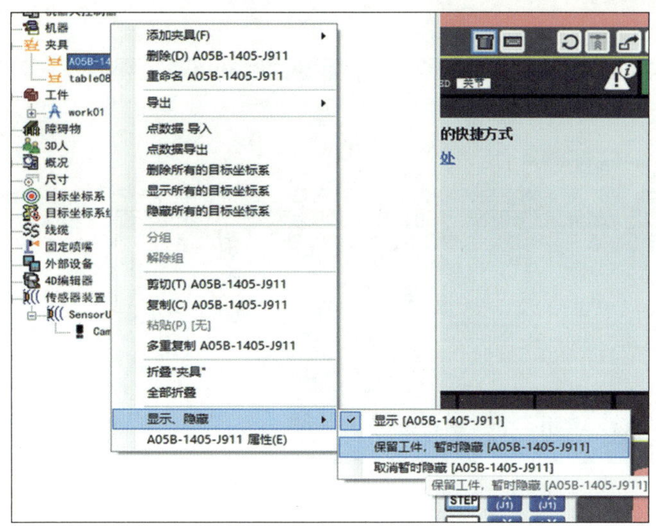

图 6-43　将点阵板暂时隐藏

打开桌子的属性界面，将工件移至视觉正下方，如图 6-44 所示。

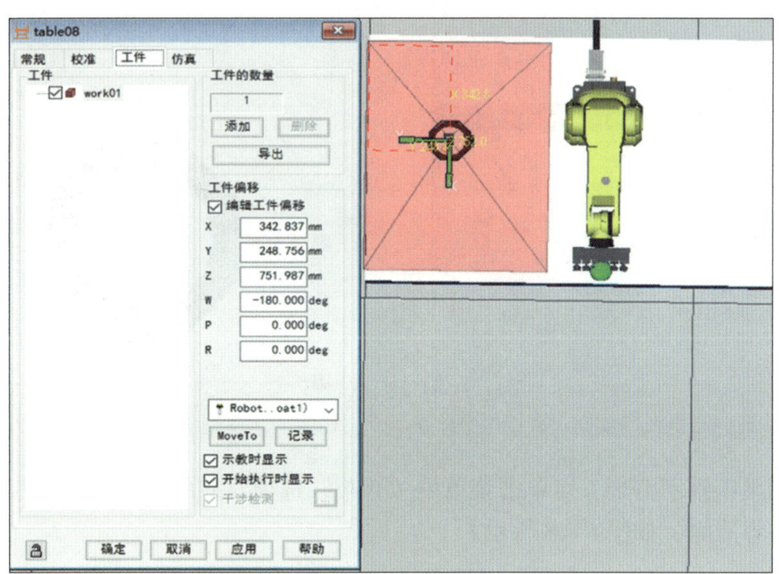

图 6-44　将工件移至视觉正下方

23. 对模型进行拍照，具体步骤如下：

（1）单击示教器中的“MENU”键→“8 iRVision”→“1 示教和试验”，进入视觉浏览器设定界面。单击“新建”，在弹出的“创建新的视觉数据”对话框中将“类型”设定为“2-D Single-View Vision Process”，名称设定为“box”，如图 6-45 所示。

（2）双击 box，进入视觉处理程序，设置相机校准数据和补正用坐标系，如图 6-46 所示。

（3）单击“GPM Locator Tool 1”→“拍照”→“模型示教”。移动视觉框，使视觉框中心与工件中心重合，如图 6-47 所示，单击“确定”。

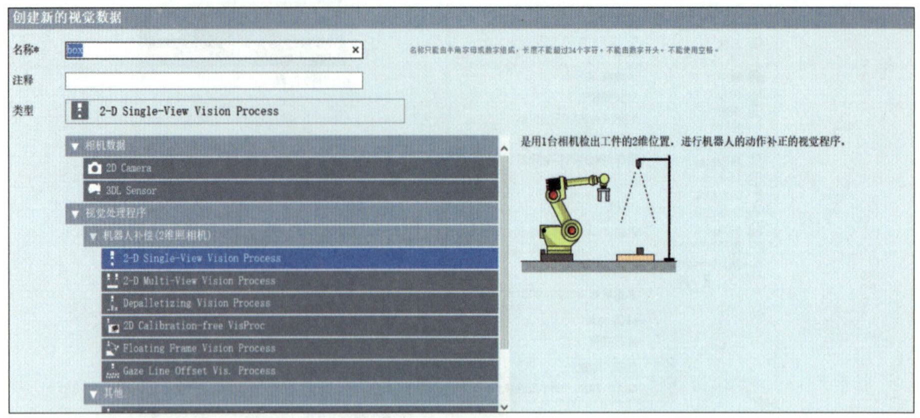

图 6–45 “创建新的视觉数据”对话框

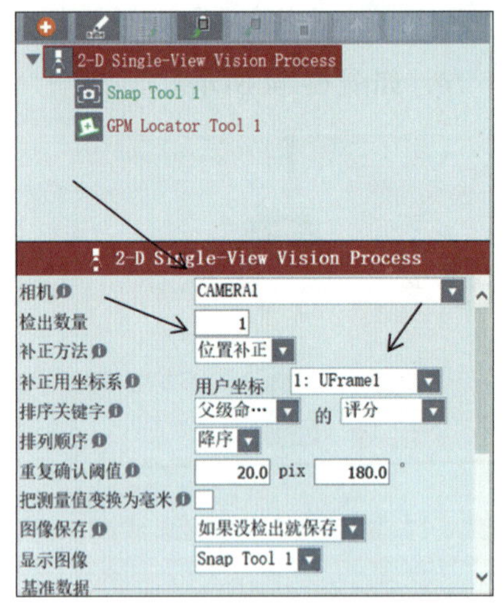

图 6–46 设置相机校准数据和补正用坐标系

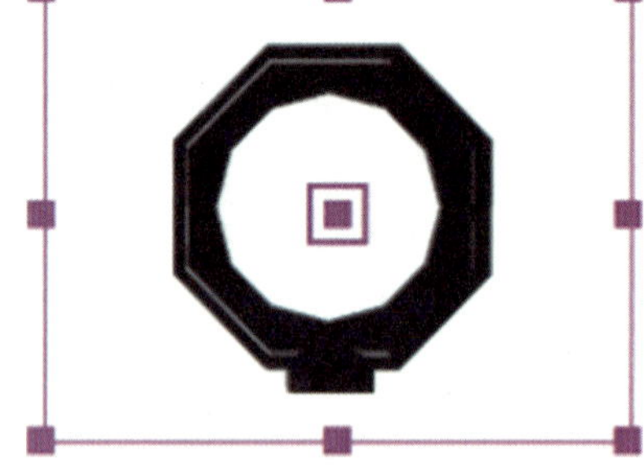

图 6–47 使视觉框中心与工件中心重合

（4）如果识别不清晰，可单击菜单中“遮蔽”选项对应的“编辑”，使用工具笔将工件多余内容清除，如图 6–48 所示。

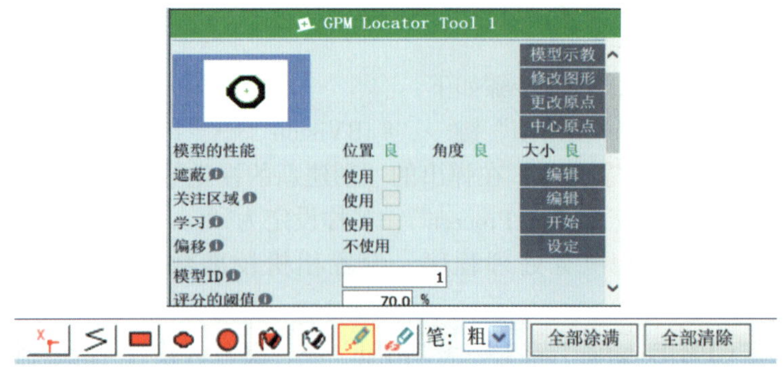

图 6–48 清除工件多余内容

（5）回到根目录下，单击“2-D Single-View Vision Process”→“拍照检出”，输入检测高度可以识别得更加准确。位置检测完成后，单击“设定”，设定当前位置为基准位置，保存后退出编辑。设定过程如图 6-49 和图 6-50 所示。

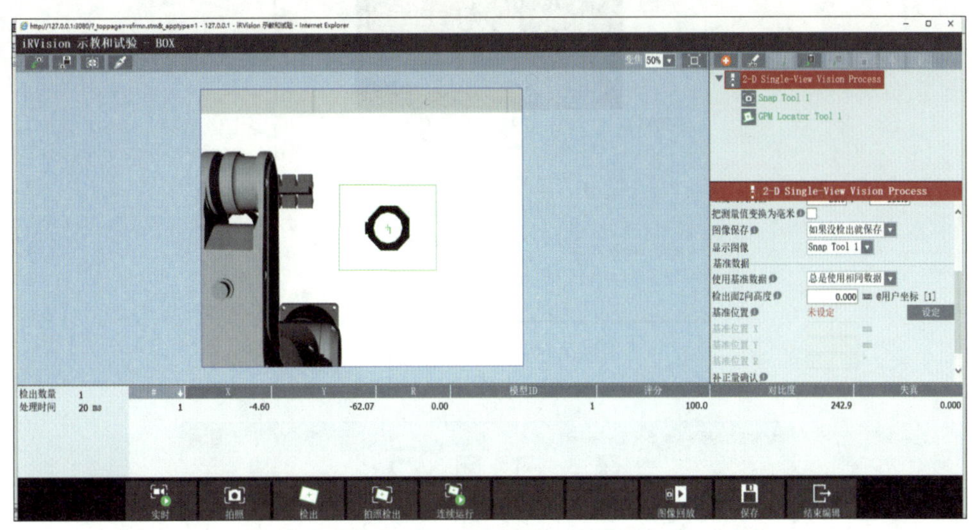

图 6-49　拍照检出位置

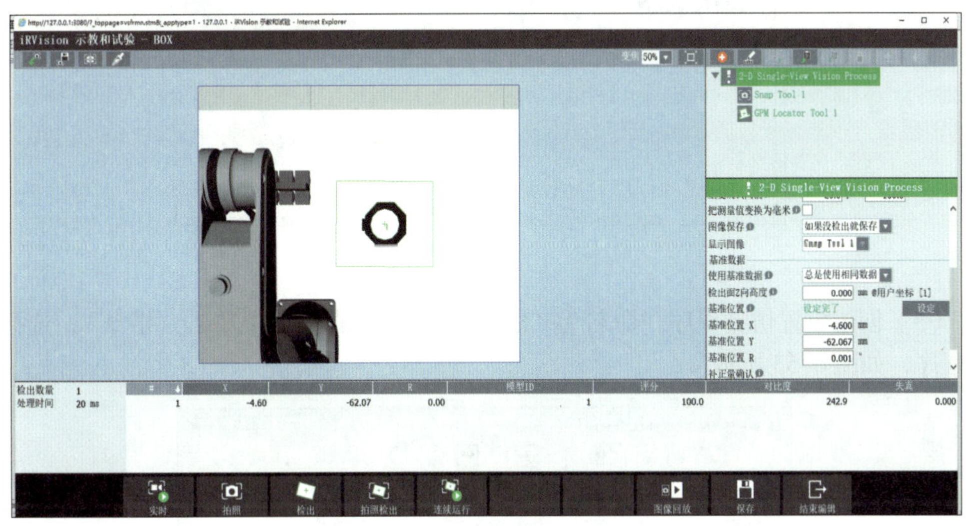

图 6-50　设定当前位置为基准位置

24. 建立视觉抓取程序 TEST000，具体步骤如下：

（1）双击桌子，单击“工件”选项卡→“添加”，工件的配置如图 6-51 所示。放置工件 work01[2] 不需要勾选“开始执行时显示”复选框，而抓取工件 work01[1] 需要勾选“开始执行时显示”复选框。单击“MoveTo”，验证工业机器人是否可以到达，如无法到达则需要重新调整工件位置。

（2）创建抓取仿真程序，命名为“zhuaqu”，在仿真程序中单击“指令”，选择抓取程序，如图 6-52 所示。

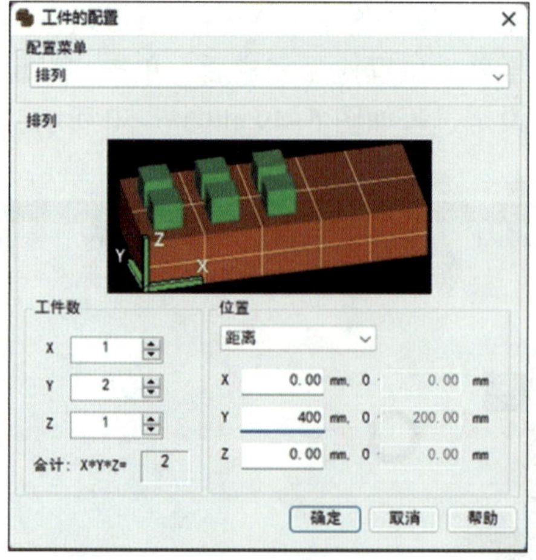

图 6–51　工件的配置

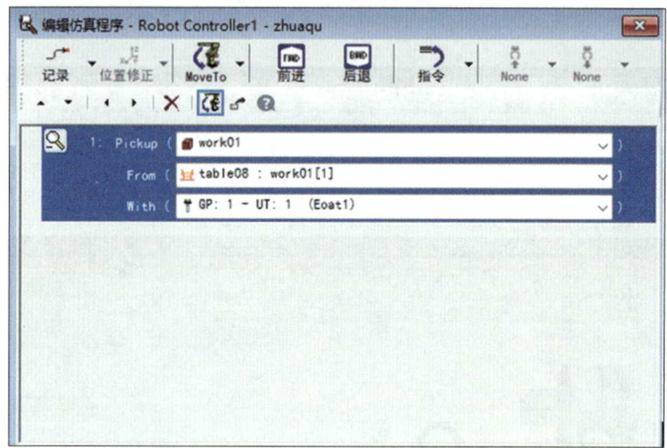

图 6–52　创建抓取仿真程序

（3）创建放置仿真程序，命名为“fangzhi”，在仿真程序中单击“指令”，选择放置程序，如图 6–53 所示。

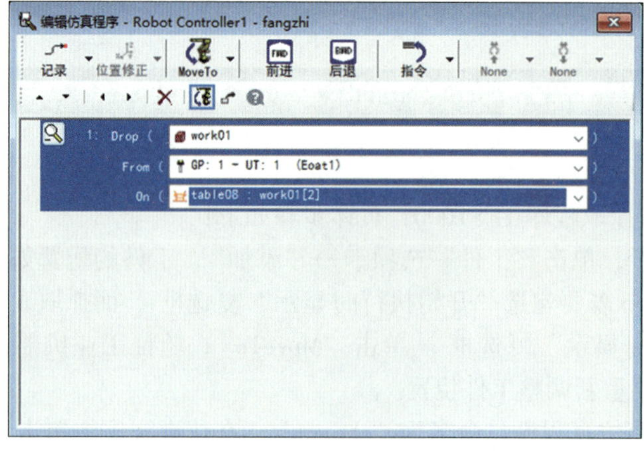

图 6–53　创建放置仿真程序

（4）创建一个新程序，命名为 TEST000。调用工具坐标系和用户坐标系，如图 6-54 所示。

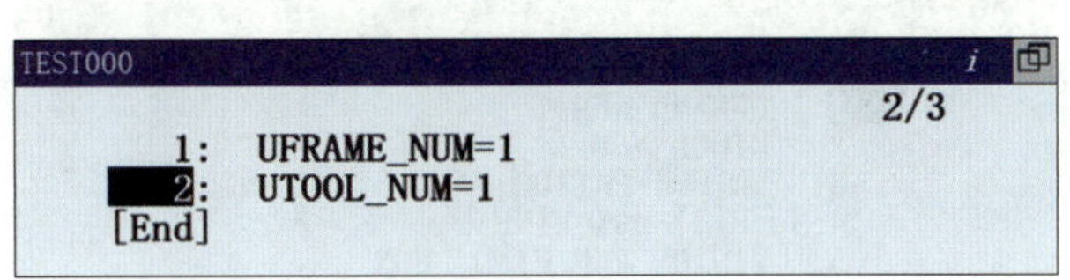

图 6-54　调用工具坐标系和用户坐标系

（5）具体抓取与放置程序如下，示教程序如图 6-55 所示。

1:UFRAME_NUM=1	调用用户坐标系 1
2:UTOOL_NUM=1	调用工具坐标系 1
3:PR[99]=PR[100]	将 PR [99]的数值清零
4:J P[1] 50% FINE	过渡点 1（等待视觉拍照）
5:VISION RUN_FIND 'BOX'	视觉检出（拍照）
6:VISION GET_OFFSET 'BOX' VR[1] JMP LBL[1]	视觉补偿（存储位置）
7:PR[99，3]=100	高度 Z+100
8:J P[2] 50% FINE Offset，PR[99] VOFFSET，VR[1]	运行至物料上方 Z+100
9:L P[2] 100mm/sec FINE VOFFSET，VR[1]	定位到工件位置
10:CALL ZHUAQU	调用抓取仿真程序
11:WAIT 1.00（sec）	延时 1 s
12:L P[2] 100mm/sec CNT50 Offset，PR[99] VOFFSET，VR[1]	退离点工具抬高 Z+100
13:J P[3] 50% FINE Offset，PR[99] VOFFSET，VR[1]	运行至放置物料 Z+100
14:L P[3] 100mm/sec FINE	到达放置位置
15:CALL FANGZHI	调用放置仿真程序
16:WAIT 1.00（sec）	延时 1 s
17:L P[3] 100mm/sec CNT50 Offset，PR [99]	退离点工具抬高 Z+100
18:LBL[1]	识别不到工件跳转位
19:CALL YD	调用回原点程序

（6）运行程序，观察工业机器人抓取与放置轨迹，如图 6-56 所示。

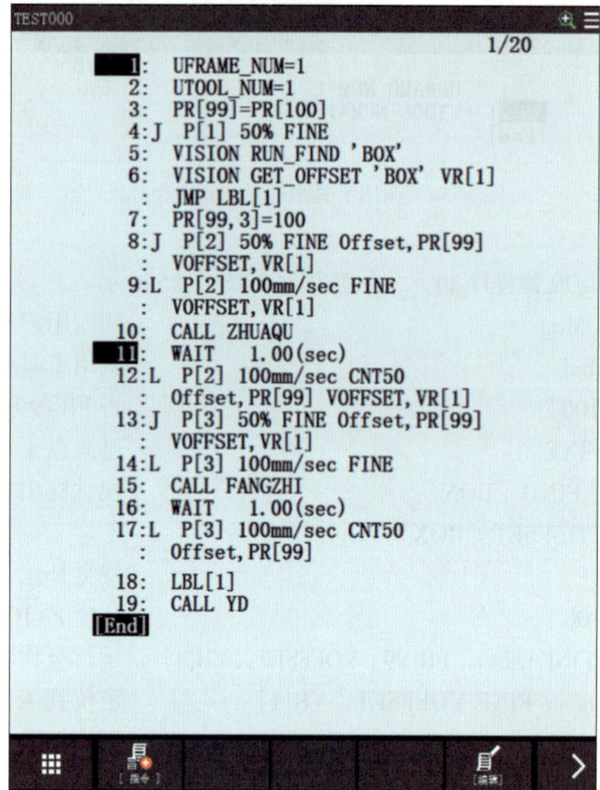

图 6-55　抓取和放置程序

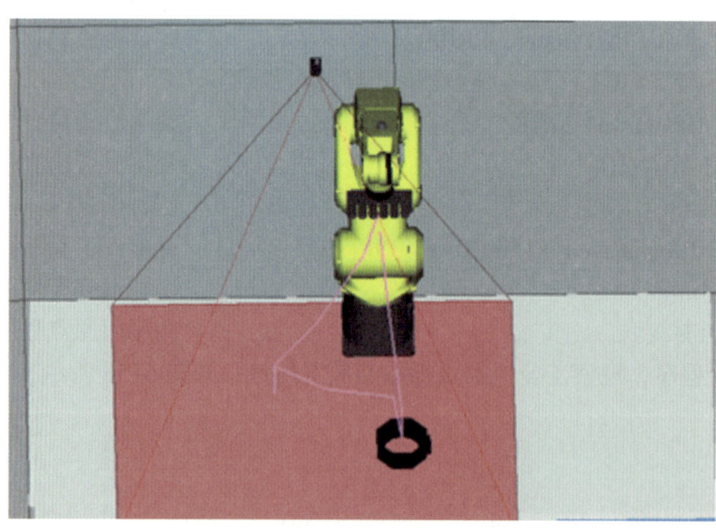

图 6-56　工业机器人抓取与放置轨迹

任务实施

一、分组并制订工作计划

查阅相关资料，了解任务实施的基本步骤，结合实际情况，制订小组工作计划，完成表 6–1。

表 6–1　　小组工作计划

任务名称	目标要求	组员姓名	任务分工	备注
	1. 小组成员分工合作 2. 明确制订计划的方法与步骤 3. 完成生产任务			组长
完成任务的方法与步骤				

二、准备外围设备、工具

为完成工作任务，每个工作小组需要向工作站内仓库工作人员提供借用工具、设备清单，见表 6–2。

表 6–2　　借用工具、设备清单

序号	名称	型号规格	数量	归还时间	学生签名	管理员签名
1	编程计算机	CPU：I5 或以上 内存：2 GB 或以上 硬盘：剩余内存20 GB 以上 显卡：独立显卡 操作系统：Windows 7 或以上	1 套			

续表

序号	名称	型号规格	数量	归还时间	学生签名	管理员签名
2	编程软件	ROBOGUIDE	1 套			
3	FANUC ROBOGUIDE 操作手册		1 本			

三、任务实施

根据任务要求，在 ROBOGUIDE 软件中运用 2D 视觉进行位置补偿。记录在 ROBOGUIDE 软件中运用 2D 视觉进行位置补偿操作过程中遇到的问题，并提出解决方法，填入表 6–3。

表 6–3　运用 2D 视觉进行位置补偿操作练习情况记录表

遇到的问题	解决方法

想一想 练一练

打开 ROBOGUIDE 软件，建立一个以 R–2000iC 型工业机器人为主体的工作单元，进行以下操作练习：

1. 运用 ROBOGUIDE 软件建立 2D 视觉程序。
2. 在 ROBOGUIDE 软件中建立仿真程序。
3. 运用 ROBOGUIDE 软件进行工件设定。
4. 运用 ROBOGUIDE 软件实现视觉区域内多工件的搬运。

任务测评

对任务实施的完成情况进行检查，并将结果填入表 6–4。

表 6–4　　任务测评表

班级：______ 小组：______ 姓名：______		指导教师：______ 日期：______				
评价项目	评价标准	评价依据	评价方式			得分小计
			学生自评（20%）	小组互评（30%）	教师评价（50%）	
职业素养（30 分）	1. 遵守企业规章制度、劳动纪律 2. 按时按质完成工作任务 3. 积极主动承担工作任务，勤学好问 4. 保障人身安全与设备安全 5. 工作岗位 6S 完成情况良好	1. 出勤情况 2. 工作态度 3. 劳动纪律 4. 团队协作精神				
专业能力（50 分）	1. 能运用 ROBOGUIDE 软件建立视觉工作单元 2. 能运用 ROBOGUIDE 软件进行 2D 视觉位置补偿	1. 操作的准确性和规范性 2. 专业技能任务完成情况				
创新能力（20 分）	1. 能在任务完成过程中提出有一定见解的方案 2. 能在教学或生产管理方面提出建议，具有创新性	1. 方案的可行性及意义 2. 建议的可行性				
合计						

项目七　ROBOGUIDE软件的综合应用

学习目标

1. 能叙述叠栈的结构、叠栈的种类、叠栈相关指令的用法。

2. 能叙述叠栈的示教流程和叠栈的使用注意事项。

3. 能根据码垛工艺要求，采用叠栈的方法，完成码垛工业机器人工作单元的创建并进行码垛编程及仿真。

工作任务

本任务的主要目标是掌握叠栈的结构、叠栈的种类和叠栈相关指令的应用，并能根据要求，通过 ROBOGUIDE 软件完成工业机器人码垛工作单元的创建并进行码垛编程及仿真。

码垛工艺要求为：工业机器人码垛工作单元由快换夹具、码垛夹、储料板、零件、工作台组成，如图 7–1 所示。要求实现工业机器人的搬运和码垛作业，依次将十个物料放置到立体仓库模型中。

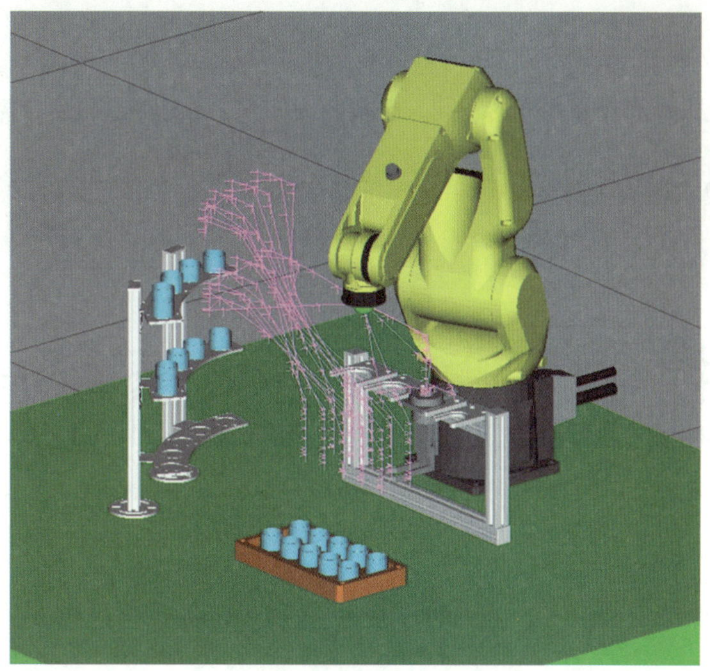

图 7-1　工业机器人码垛工作单元

相关知识

一、叠栈功能

叠栈功能是指只要对几个具有代表性的点进行示教，即可从下层到上层按照顺序堆叠工件的功能。

1. 叠栈的结构

叠栈由两种式样构成：确定工件堆叠方法的堆上式样和确定工件堆叠路经的经路式样，如图 7-2 所示。

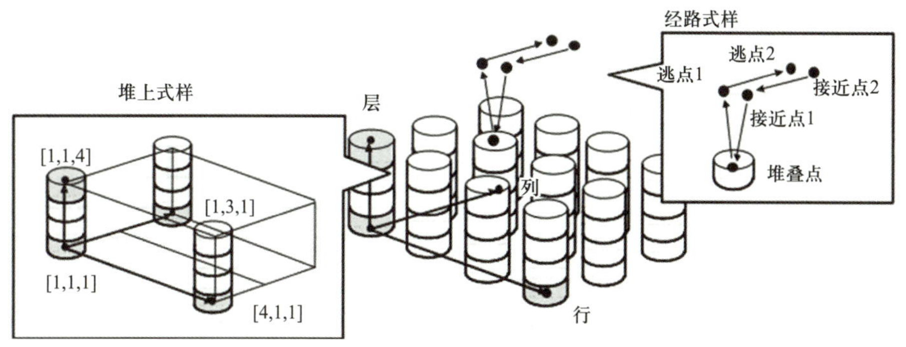

图 7-2　叠栈的结构

2. 叠栈的种类

根据堆上式样和经路式样的不同，叠栈分为四种，分别为叠栈 B、叠栈 BX、叠栈 E 和叠栈 EX。

叠栈 B 要求所有工件的姿势一定、堆叠底面为直线或平行四边形，如图 7–3 所示。

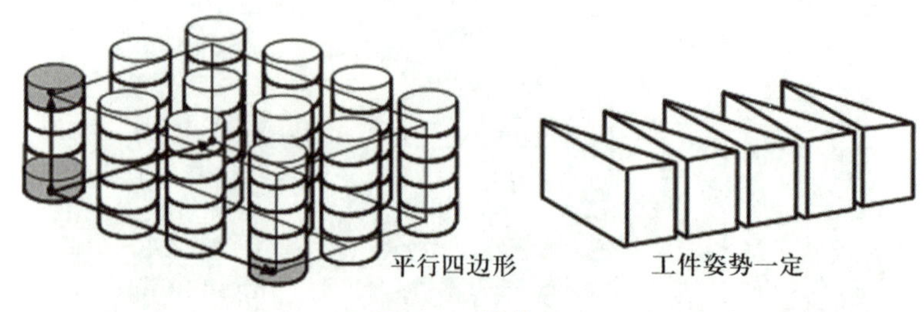

图 7–3　叠栈 B

叠栈 E 对应更为复杂的堆上式样，如工件姿势变化、堆叠底面非平行四边形等，如图 7–4 所示。

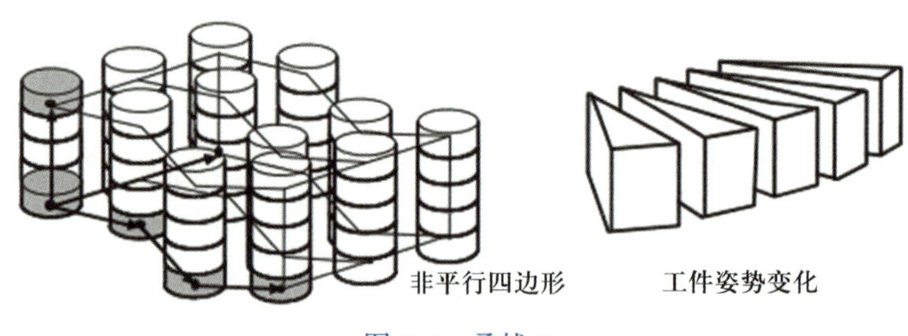

图 7–4　叠栈 E

叠栈 B、E 只能设定一个经路式样，而叠栈 BX、EX 可以设定多个经路式样。

3. 叠栈相关指令

（1）叠栈指令

叠栈指令的功能是基于栈板暂存器的值，根据堆上式样和经路式样计算当前的堆叠点位置和当前的路径，改写叠栈动作指令的位置数据，叠栈指令如图 7–5 所示。

（2）叠栈动作指令

叠栈动作指令是以具有接近点、堆叠点、逃点的经路点作为位置数据的动作指令，是叠栈专用的动作指令，如图 7–6 所示。

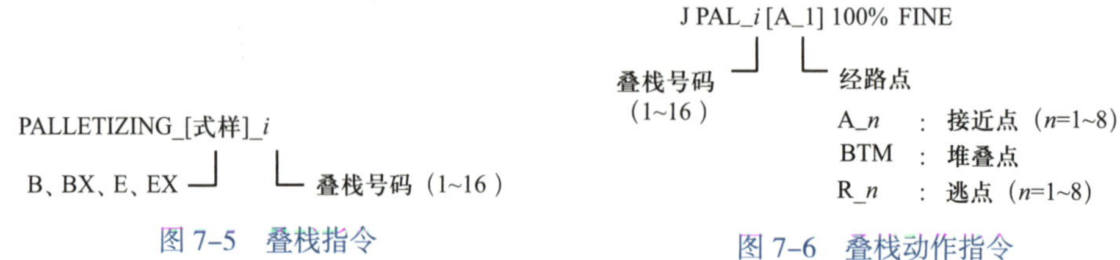

图 7–5　叠栈指令　　图 7–6　叠栈动作指令

（3）叠栈结束指令

叠栈结束指令的功能是结束目标叠栈，计算下一个堆叠点，改写栈板暂存器的值。叠栈结束指令如图 7–7 所示。

PALLETIZING–END_i

叠栈号码（1~16）

图 7–7　叠栈结束指令

4. 叠栈的示教流程

叠栈的示教流程如图 7–8 所示。

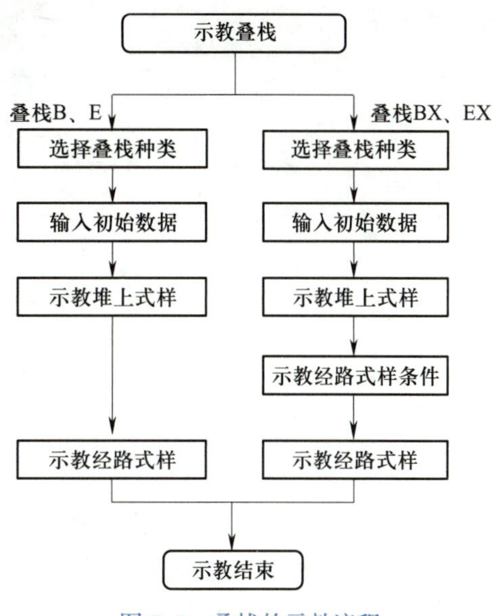

图 7–8　叠栈的示教流程

5. 叠栈的使用注意事项

（1）叠栈功能的三个指令即叠栈指令、叠栈动作指令、叠栈结束指令存在于一个程序而发挥作用。若只将一个指令复制到子程序中进行示教，则该指令不会正常工作。

（2）叠栈的数据示教完成后，叠栈号码会随同叠栈指令、叠栈动作指令、叠栈结束指令一起被自动写入，因此无须注意是否在其他程序中重复使用叠栈号码。

（3）叠栈动作指令中，不可将动作类型设定为“C”（圆弧运动）。

二、运用叠栈功能实现立体仓库物料的入库

利用工业机器人叠栈功能实现立体仓库物料入库的步骤如下：

1. 新建仿真工作单元，选择机器人型号为 200iD，在配置机器人选项时需要勾选“Palletizing（J500）”复选框，配置码垛包插件，如图 7–9 所示。

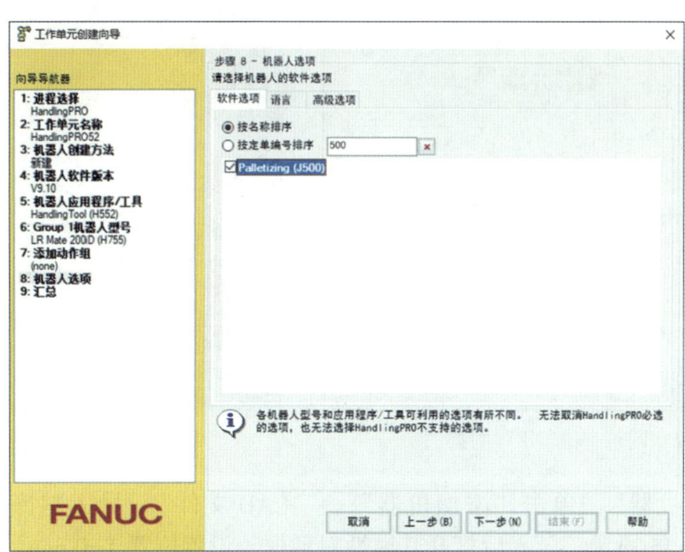

图 7–9　配置码垛包插件

2. 右击目录树中的“夹具”，单击“添加夹具”→“长方体”，修改该长方体的尺寸，作为工业机器人工作单元的桌面，如图 7-10 和图 7-11 所示。

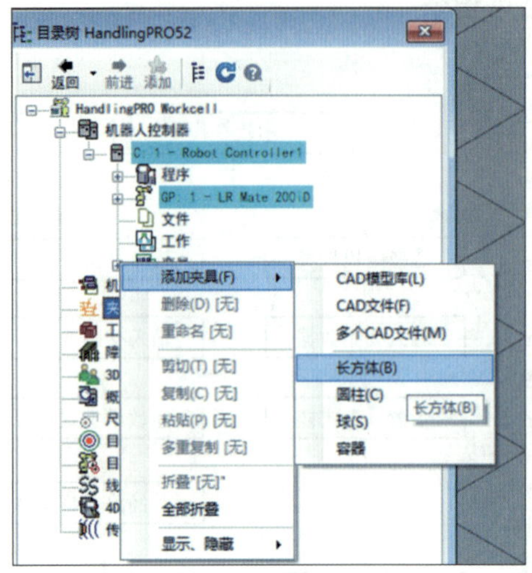

图 7-10 添加夹具

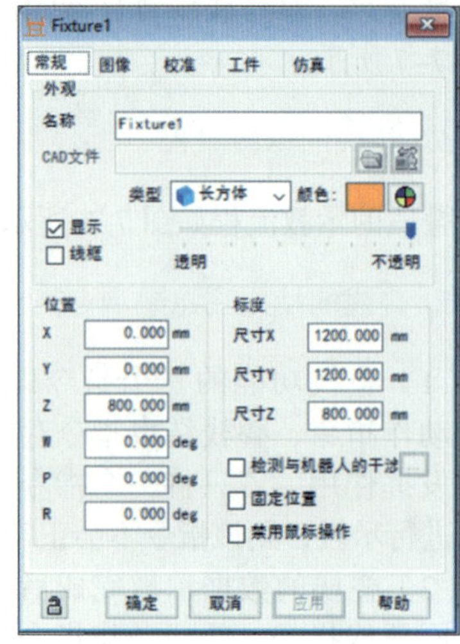

图 7-11 修改长方体尺寸

3. 双击“GP：1-LR Mate 200iD”，在弹出的对话框中将“位置”的 Z 值修改为与插入长方体 Z 轴方向尺寸一致，如图 7-12 所示。拖动工业机器人底座中的坐标轴，将其调整至合适位置，如图 7-13 所示。

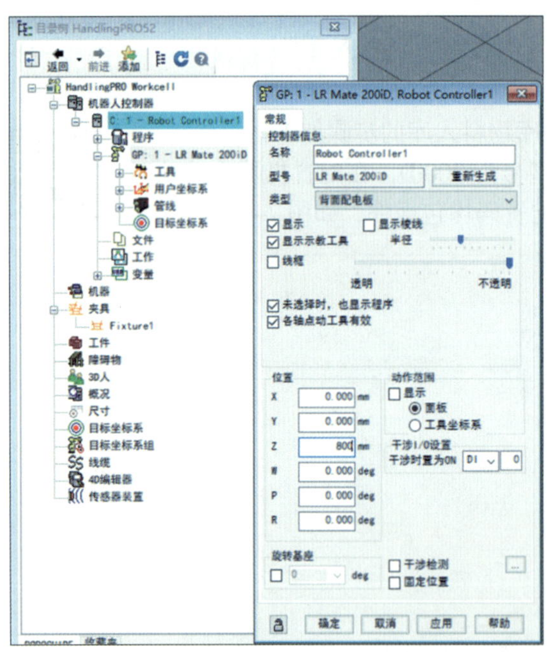

图 7-12 调整“位置 Z”的数值

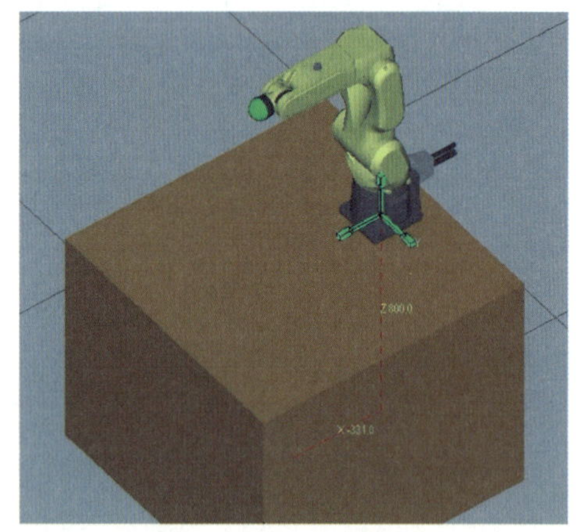

图 7-13 工业机器人的位置

4. 右击“机器”，单击“添加机器”→“CAD 文件”，导入料库平台主体，如图 7-14 和图 7-15 所示。导入后打开其属性对话框，设置位置 X=0 mm、位置 Y=0 mm、位置 Z=800 mm，如图 7-16 所示。

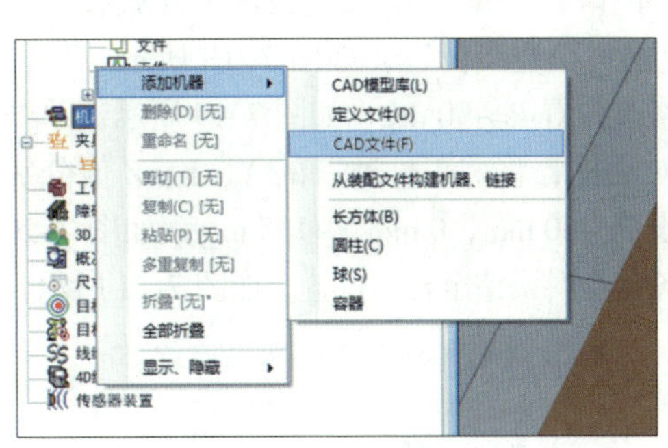

图 7-14 添加机器

图 7-15 导入料库平台主体

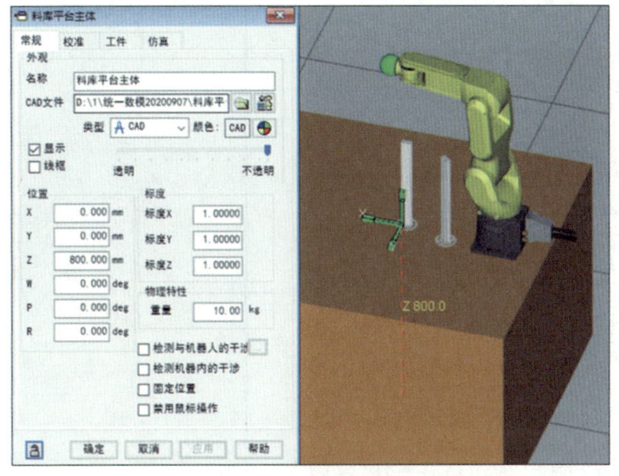

图 7-16 修改料库平台主体的位置

5. 单击 按钮，显示工业机器人动作范围，移动料库平台主体至合适位置，确保其在工业机器人工作区域内，如图 7-17 所示。右击“料库平台主体”，单击“添加链接”→“CAD 文件”，依次添加料库平台 01、料库平台 02、料库平台 03，组装完成料库平台模型。

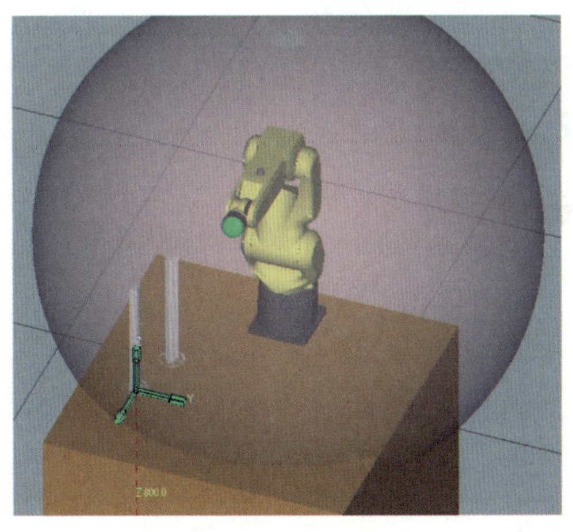

图 7-17 移动料库平台主体至合适位置并确保其在工业机器人工作区域内

6. 右击“工件”，单击“添加工件”→“CAD 文件”，选择蓝物料。双击 Link3，在“工件”选项卡下勾选“蓝物料”复选框，单击“应用”。勾选“编辑工件偏移”复选框，调整工件位置，设置 W=90 deg，调整蓝物料至适当位置，如图 7-18 所示。

7. 取消勾选“开始执行时显示”复选框，修改位置 R=-90 deg，如图 7-19 所示，单击“应用”。单击“添加”，弹出“工件的配置”对话框，将“工件数”的 X、Y、Z 值分别设为 5、1、2，将“距离”的 X、Y、Z 值分别设为 -60 mm、0 mm、-135 mm，如图 7-20 所示。单击“确定”，生成十个蓝物料，依次将各蓝物料调整至合适位置，如图 7-21 所示。

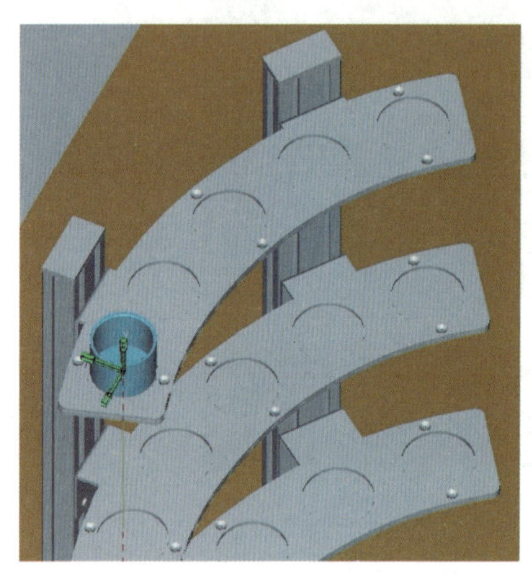

图 7-18 添加蓝物料并调整其位置

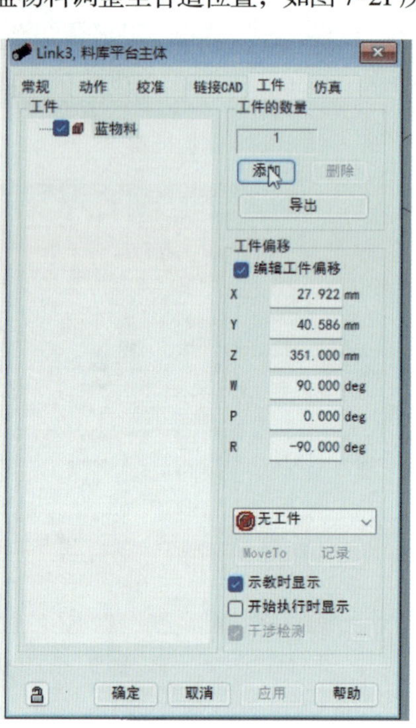

图 7-19 工件偏移参数

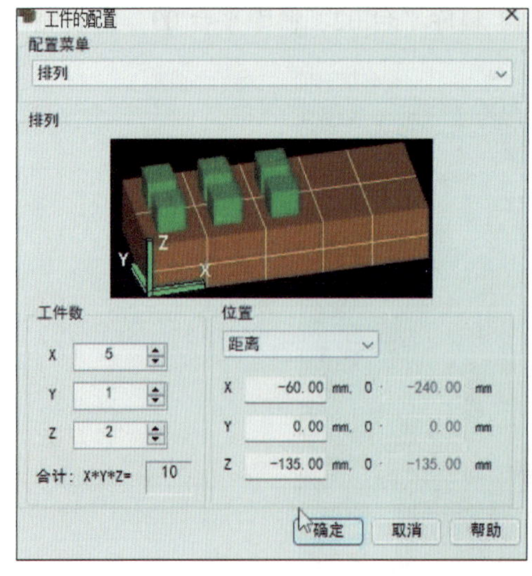

图 7-20 配置工件

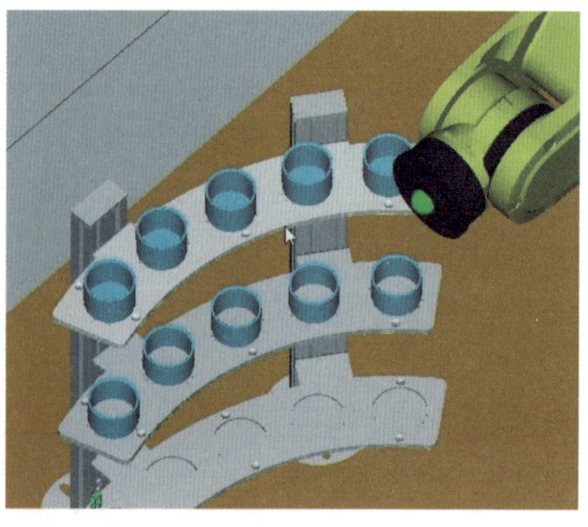

图 7-21 将十个蓝物料调整至合适位置

8. 右击“夹具”，单击“添加夹具”→“CAD 文件”，选择自由盘，在自由盘属性对话框的“常规”选项卡下，设置“位置”的 X=0 mm、“位置”的 Y=0 mm、“位置”的 Z=800 mm，将颜色修改为绿色，如图 7–22 所示，单击“确定”→“应用”。将自由盘调整到合适的位置，如图 7–23 所示。

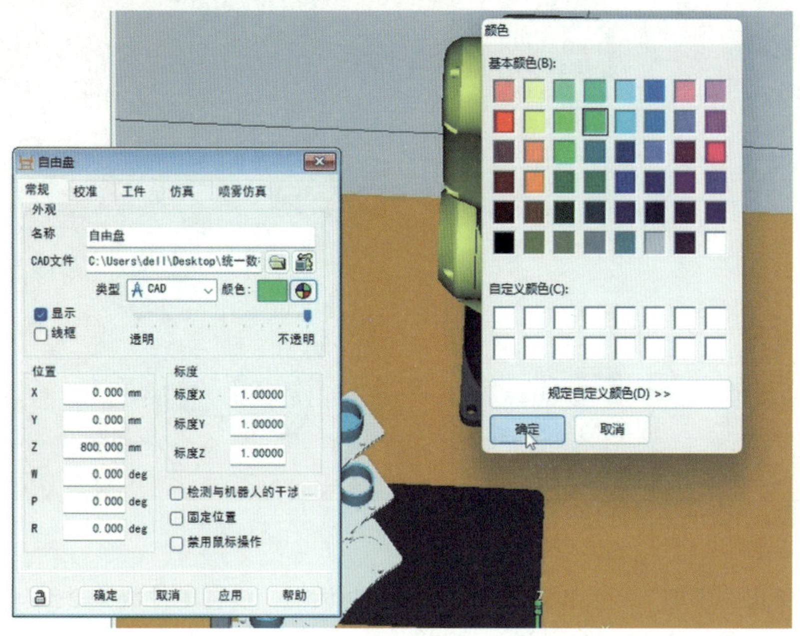

图 7–22　设置自由盘位置和颜色

图 7–23　将自由盘调整到合适的位置

9. 双击自由盘，单击“工件”选项卡，勾选“蓝物料”复选框，单击“应用”。勾选“编辑工件偏移”复选框，修改 W=90 deg、Z=15 mm，单击“应用”，再将蓝物料调整至合适位置，如图 7–24 所示。

图 7–24　将蓝物料调整至合适位置

10. 单击“添加”，弹出“工件的配置”对话框，设置工件数 X=2、Y=5、Z=1，距离 X=70 mm、Y=–50 mm、Z=–135 mm，单击“确定”，添加十个蓝物料，如图 7–25 所示。

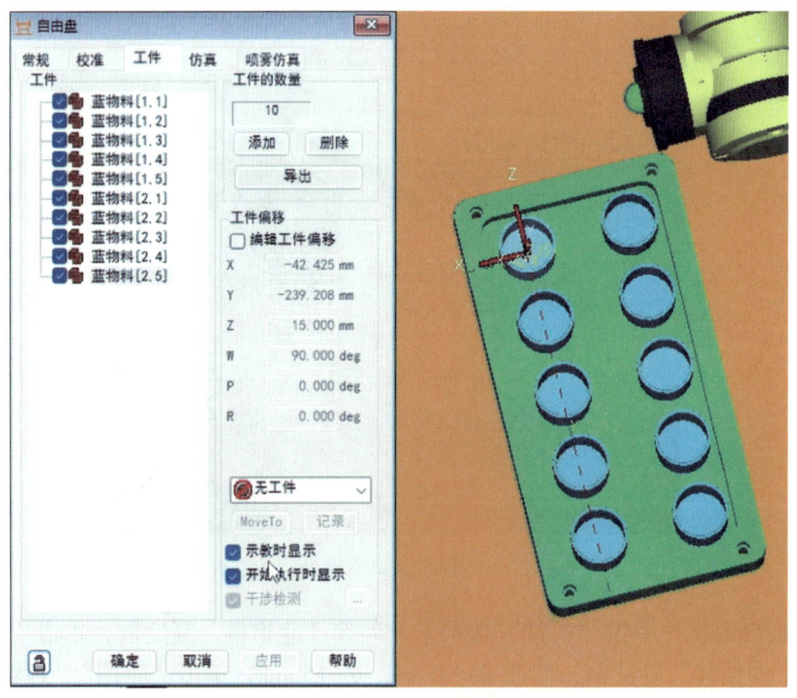

图 7–25　添加十个蓝物料

11. 右击“夹具”，单击“添加夹具”→“CAD 文件”，选择快换缓存单元。在“常规”选项卡下设置“位置”的 X=0 mm、Y=0 mm、Z=800 mm、R=180 deg，单击“应用”，再调整快换缓存单元到合适位置，如图 7–26 所示。

12. 右击“工件”，单击“添加工件”→“多个 CAD 文件”，添加手爪主体及手爪手指，如图 7–27 所示。

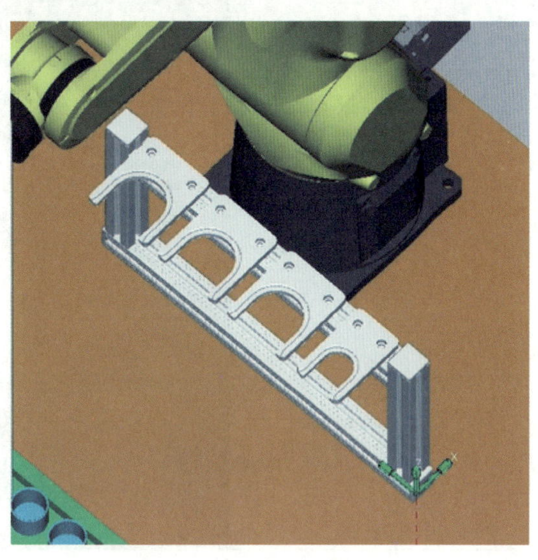

图 7–26 将快换缓存单元调整至合适位置

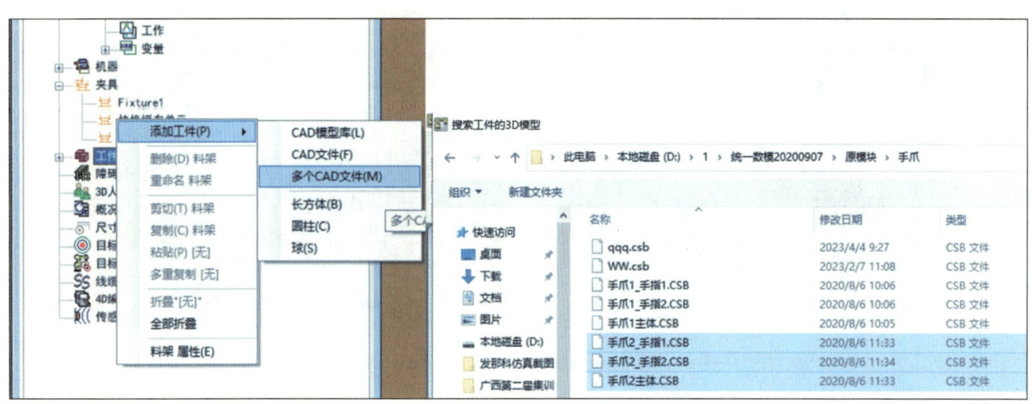

图 7–27 添加手爪主体和手爪手指

13. 双击快换缓存单元，在“工件”选项卡下勾选“手爪 2_ 手指 1”“手爪 2_ 手指 2”和“手爪 2 主体”复选框，单击“应用”。单击“手爪 2 主体”，勾选“编辑工件偏移”复选框，输入相应偏移数值，如图 7–28 所示。依次单击“手爪 2_ 手指 1”“手爪 2_ 手指 2”并设置相应的偏移量，偏移量与“手爪 2 主体”完全相同。

14. 右击目录树中“GP：1–LR Mate 200iD”下的 UT：1，单击“添加链接”→“CAD 文件”，选择法兰盘，将法兰盘移动到合适位置，如图 7–29 所示。

15. 同时勾选“蓝物料”“手爪 2_ 手指 1”“手爪 2_ 手指 2”和“手爪 2 主体”复选框，单击“应用”。选中“手爪 2 主体”，勾选“编辑工件偏移”复选框，设置 *W*=180 deg，并将其移动到合适位置，如图 7–30 所示，单击“应用”。

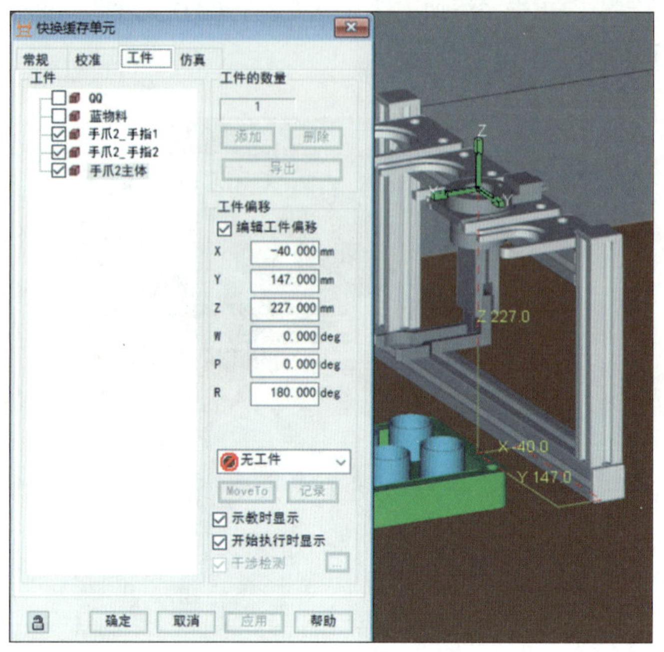

图 7–28　设置偏移量

图 7–29　添加法兰盘并移动到合适位置

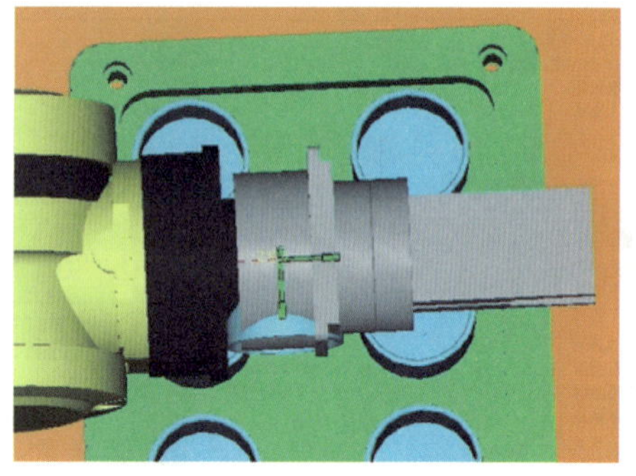

图 7–30　将“手爪 2 主体”移动到合适位置

16. 单击“手爪 2_ 手指 2”，勾选“编辑工件偏移”复选框，设置 *W*=180 deg，单击“应用”，然后同样设置“手爪 2_ 手指 1”。单击“蓝物料”，设置 *W*=–90 deg，并将蓝物料调整至合适位置，如图 7–31 所示，单击“应用”。

17. 按住“Ctrl”键，单击“蓝物料”“手爪 2_ 手指 1”“手爪 2_ 手指 2”和“手爪 2 主体”（同时选中），取消勾选“开始执行时显示”复选框，单击“应用”。

18. 创建 quzhua 仿真程序。单击“示教”→“创建仿真程序”，如图 7–32 所示，输入程序名称“quzhua”，单击“确定”。单击“指令”→“Pickup”，依次添加“手爪 2 主体”“手爪 2_ 手指 1”“手爪 2_ 手指 2”，如图 7–33 和图 7–34 所示。

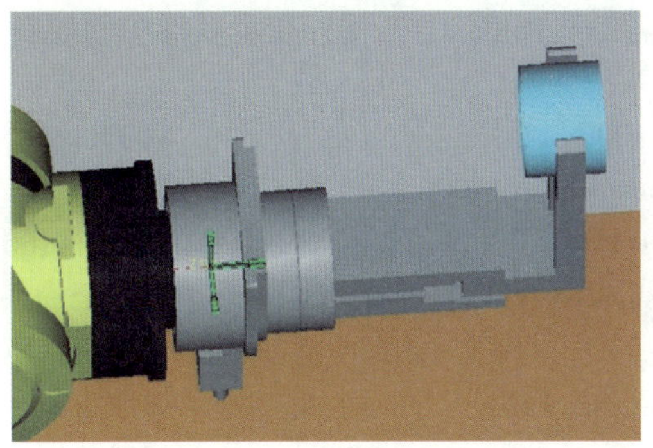

图 7-31　将蓝物料调整至合适位置

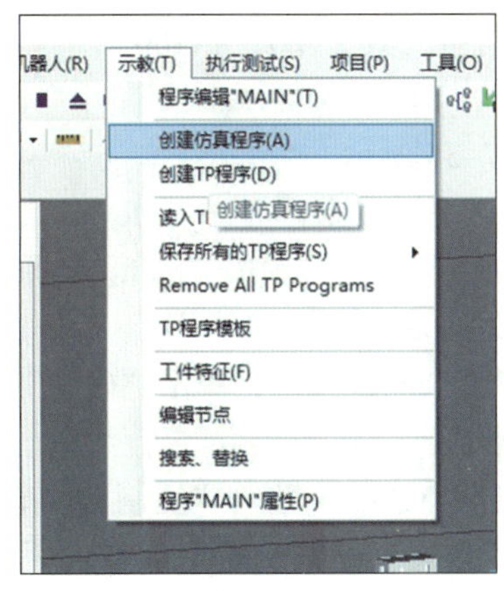

图 7-32　创建仿真程序

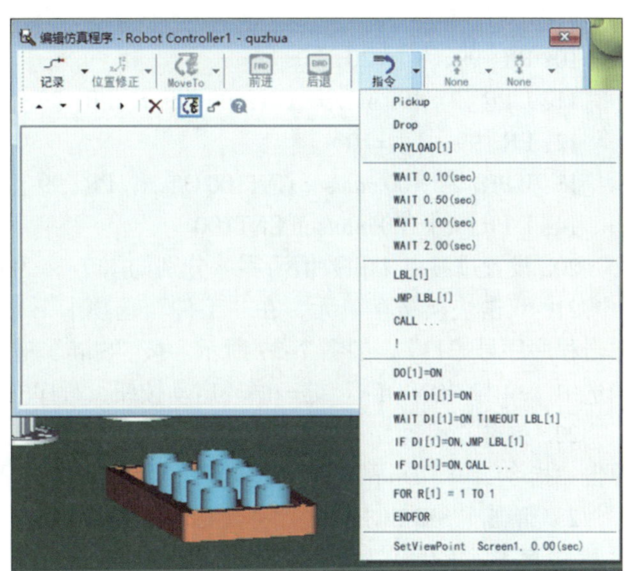

图 7-33　“指令”下拉菜单

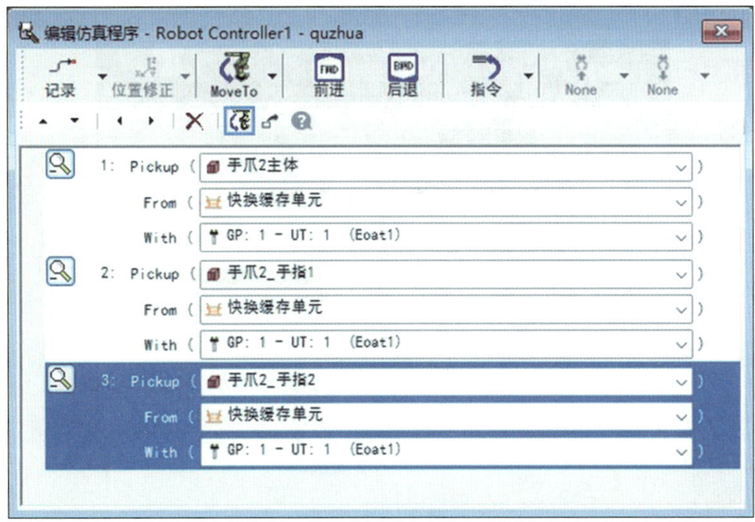

图 7-34　添加手爪主体和手爪手指

19. 单击“示教器”→“SELECT”键，在示教器中创建新程序，名称为“NZ”，输入以下程序指令：

1：PR［99］=PR［100］　将 PR［99］的数值清零

2：L PR［4］100 mm/sec CNT100　过渡点 1

3：PR［99，3］=100　高度 *Z*+100

4：L PR［2］100 mm/sec CNT100 Offset，PR［99］　运行至物料 *Z*+100

5：RO［1］=ON　快抓装置解锁

6：L PR［2］100 mm/sec FINE　抓取工具

7：RO［1］=OFF　快抓装置锁紧

8：CALL QUZHUA　调用 quzhua 仿真程序

9：WAIT 1.00（sec）　延时 1 s

10：PR［99，3］=20　高度 *Z*+20

11：L PR［2］100 mm/sec CNT100 Offset，PR［99］　运行至工具 *Z*+20

12：PR［99，1］=100　高度 *X*+100

13：L PR［2］100 mm/sec CNT100 Offset，PR［99］　运行至工具 *Z*+20，*X*+100

14：L PR［4］100 mm/sec CNT100　过渡点 1

20. 设置过渡点 1 和数值清零，分别如图 7–35 和图 7–36 所示。

21. 双击快换缓存单元，在“工件”选项卡下单击“手爪 2 主体”→“MoveTo”。单击程序序号“11”，如图 7–37 所示。按“Shift”键 +“F5”键，再次按“Shift”键取消选中。单击“ON/OFF”键→循环启动按钮，程序开始运行。

22. 单击“示教”→“创建仿真程序”，输入程序名称“fangzhua”，单击“确定”。单击“指令”→“Drop”，依次选择工件，如图 7–38 所示。

23. 单击“SELECT”键，将光标移至程序 NZ，单击“NEXT”键→“复制”，输入程序名称“FZ”，如图 7–39 所示，单击“ENTER”键→“是”。将光标移至程序 FZ，单击“类型”→“TP 程序”→“ENTER”键，对程序进行修改，FZ 程序如图 7–40 所示。

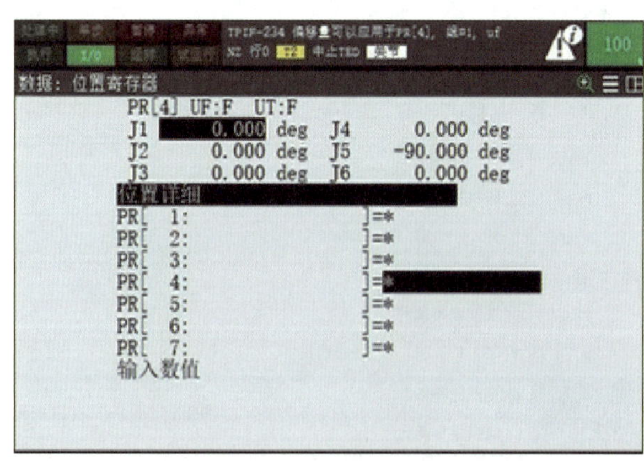

图 7–35　设置过渡点 1

```
Robot Controller1
数据：位置寄存器
PR[100] UF:F   UT:F        配置:NDB 000
 X      0.000   mm   W      0.000  deg
 Y      0.000   mm   P      0.000  deg
 Z      0.000   mm   R      0.000  deg
位置详细
PR[ 94:                  ]=*
PR[ 95:                  ]=*
PR[ 96:                  ]=*
PR[ 97:                  ]=*
PR[ 98:                  ]=*
PR[ 99:                  ]=*
PR[100:                  ]=*
输入数值
```

图 7-36　设置数值清零

```
NZ                                  11/15
    6:L   PR[2] 100mm/sec FINE
    7:   RO[1]=OFF
    8:   CALL QUZHUA
    9:   WAIT   1.00(sec)
   10:   PR[99,3]=20
   11:L   PR[2] 100mm/sec CNT100
     :   Offset,PR[99]
   12:   PR[99,1]=100
   13:L   PR[2] 100mm/sec CNT100
     :   Offset,PR[99]
   14:L   PR[4] 100mm/sec CNT100
位置尚未记录。
```

图 7-37　选中程序 11

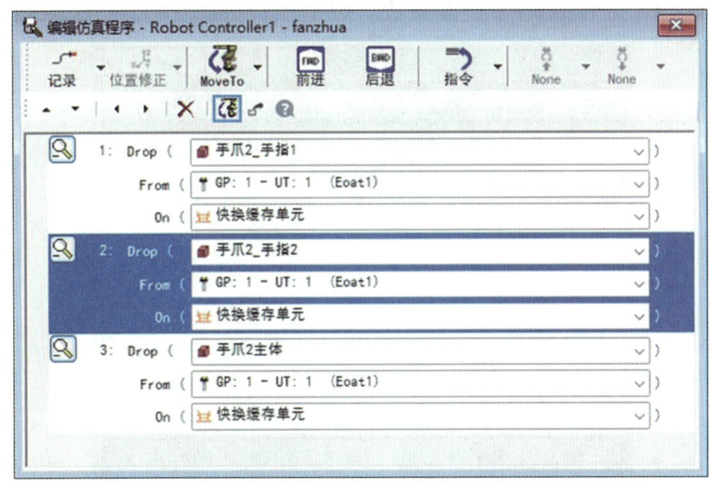

图 7-38　选择工件

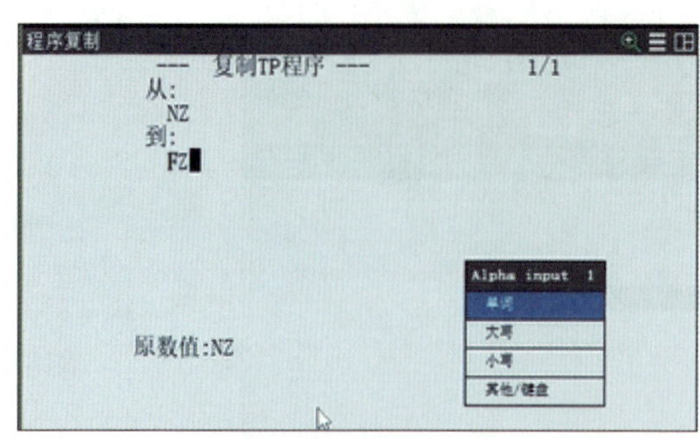

图 7–39 复制程序

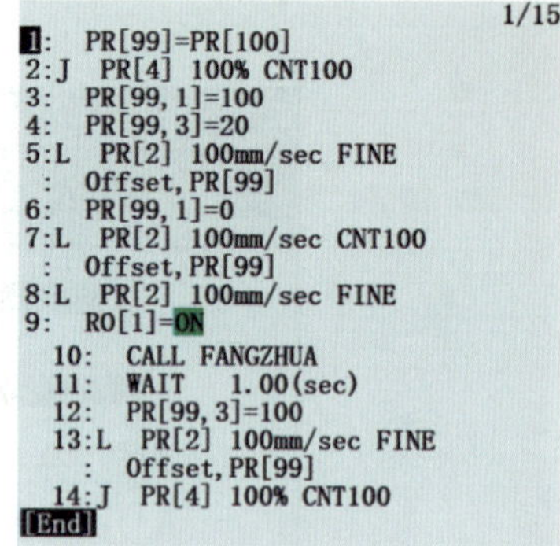

图 7–40 FZ 程序

24. 创建码垛抓取仿真程序，程序名称为“NNNNN”，单击“指令”→“Pick-up”，添加蓝物料，如图 7–41 所示。

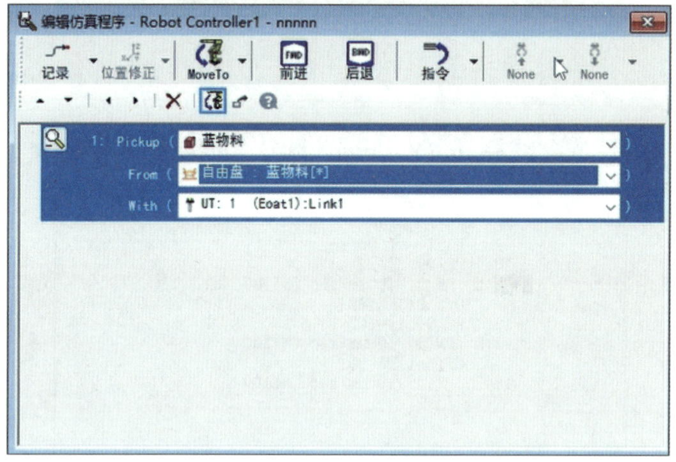

图 7–41 添加蓝物料

25. 创建抓取物料的程序，程序名称为“NN”，单击“指令”→“7 码垛”→“1 PALLETIZING–B”，设置码垛配置参数。以上操作如图 7–42 ~ 图 7–44 所示。

图 7–42 单击“7 码垛”

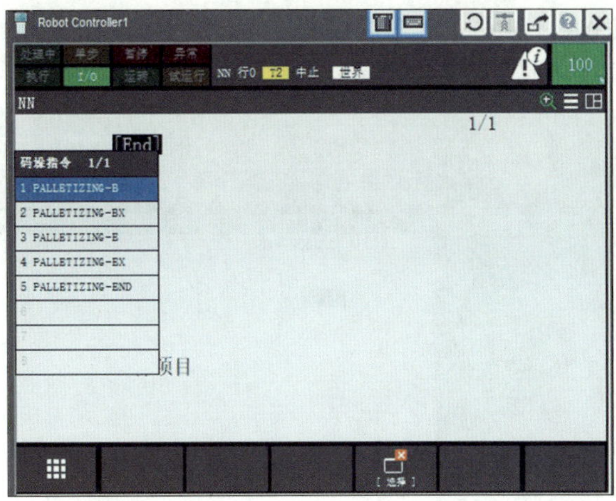

图 7-43　单击“1 PALLETIZING-B”

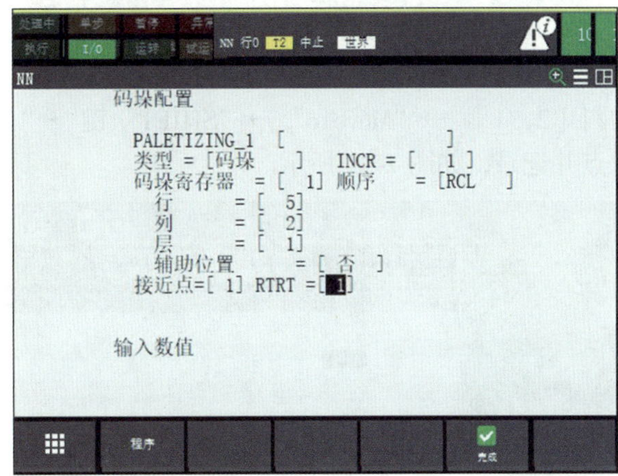

图 7-44　设置码垛配置参数

26. 双击自由盘，单击“蓝物料［1，1］”→“MoveTo”→“SHIFT”键→“记录”，将工业机器人移动到第 1 个抓取点并记录，如图 7-45 所示。

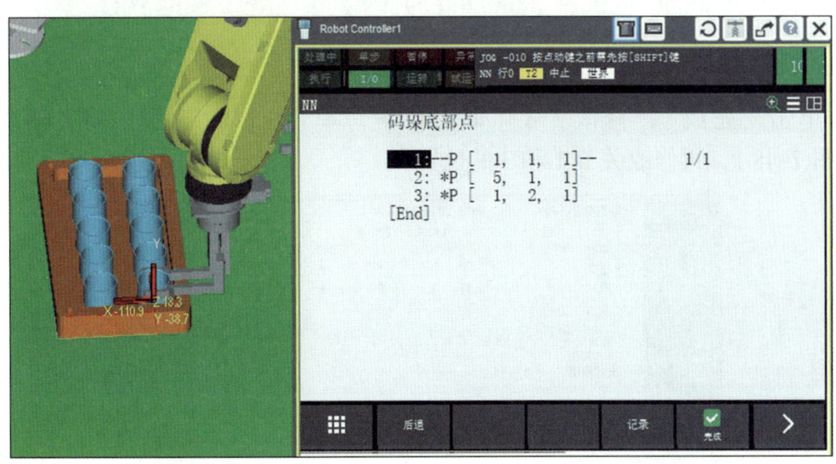

图 7-45　记录第 1 个抓取位置

27. 单击“蓝物料［1，5］”→“MoveTo”→“SHIFT”键→“记录”，将工业机器人移动到第 2 个抓取点并记录，如图 7–46 所示。

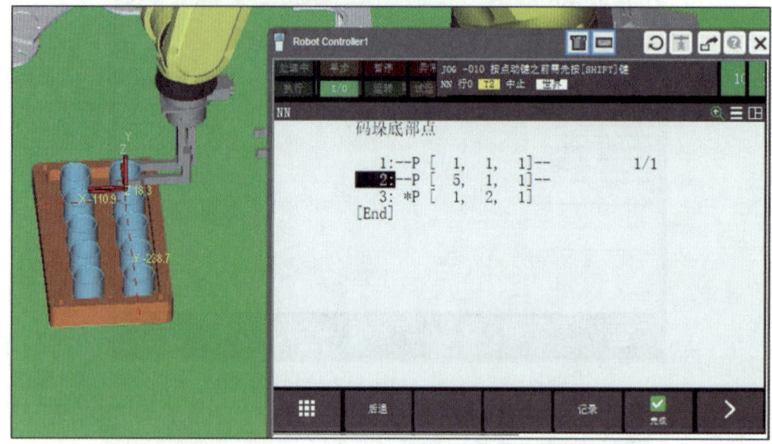

图 7–46　记录第 2 个抓取位置

28. 单击“蓝物料［2，1］”→“MoveTo”→“SHIFT”键→“记录”，将工业机器人移动到第 3 个抓取点并记录，如图 7–47 所示。

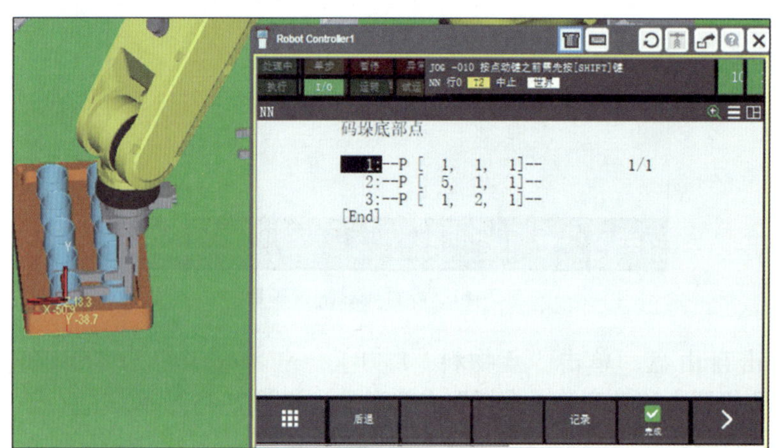

图 7–47　记录第 3 个抓取位置

29. 单击“完成”，修改 2 号抓取点位置，单击“POSN”键，将 Z 轴高度增加 100（见图 7–48），再修改关节 1 和 3 的位置。

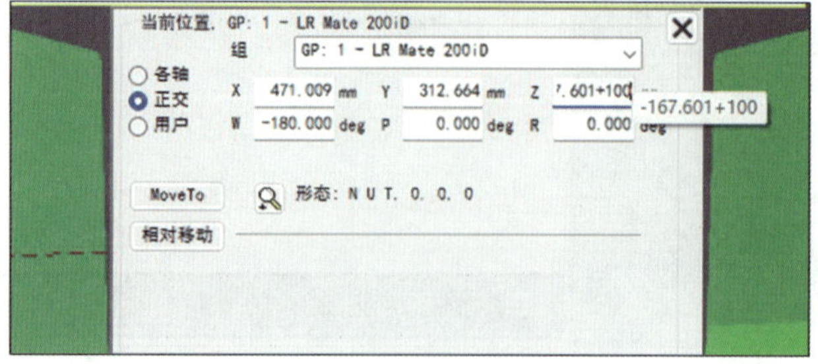

图 7–48　修改 2 号抓取点位置

30. 单击“完成”后生成码垛包程序（见图 7–49），对程序进行修改，将运动模式修改为直线并插入程序，修改后的程序如图 7–50 所示。

31. 创建码垛放置仿真程序，程序名称为“FFFFF”，单击“指令”→“Drop”，添加蓝物料，如图 7–51 所示。

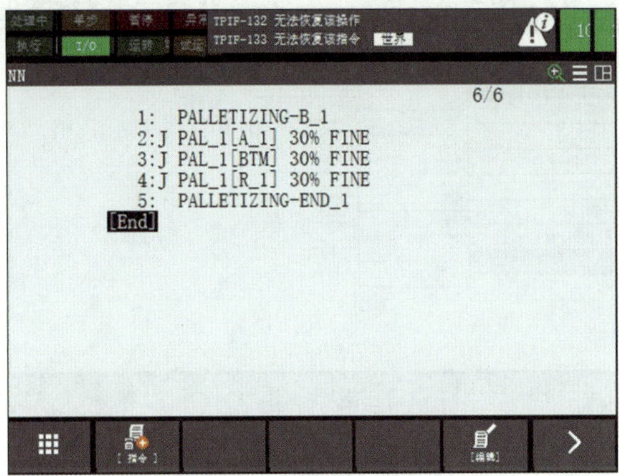

图 7–49 生成码垛包程序

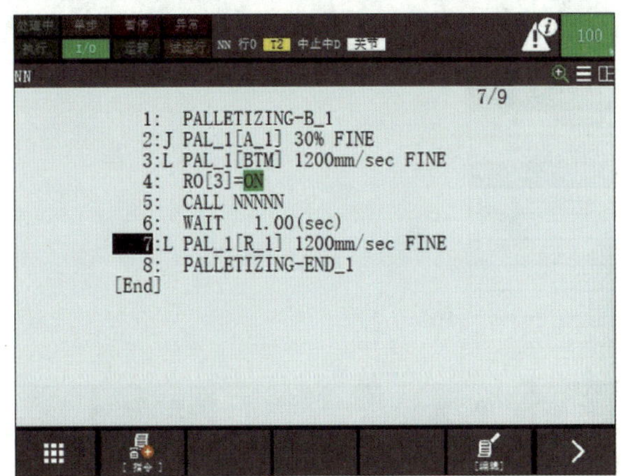

图 7–50 修改后的程序

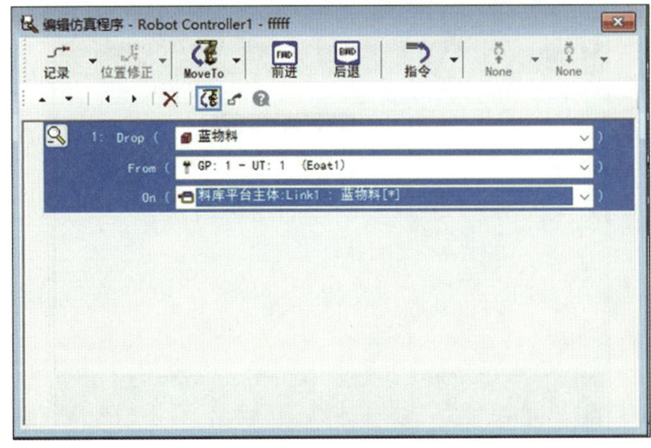

图 7–51 添加蓝物料

32. 创建物料码垛程序，程序名称为“FF”，单击“指令”→“7 码垛”→“3 PALLETIZING-E”，设置码垛配置参数，如图 7-52 ~ 图 7-54 所示。

图 7-52　单击“7 码垛”

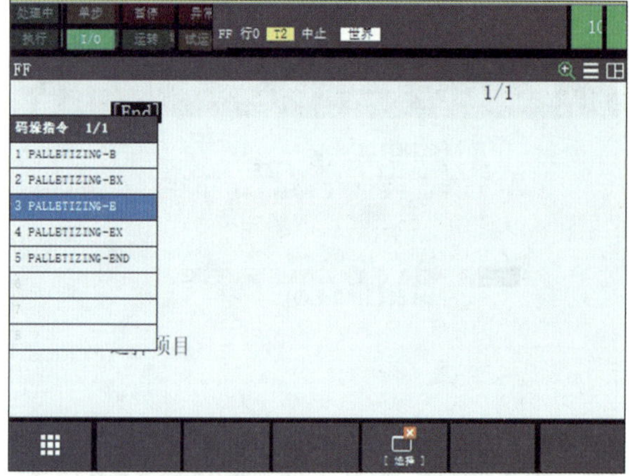

图 7-53　单击“3 PALLETIZING-E”

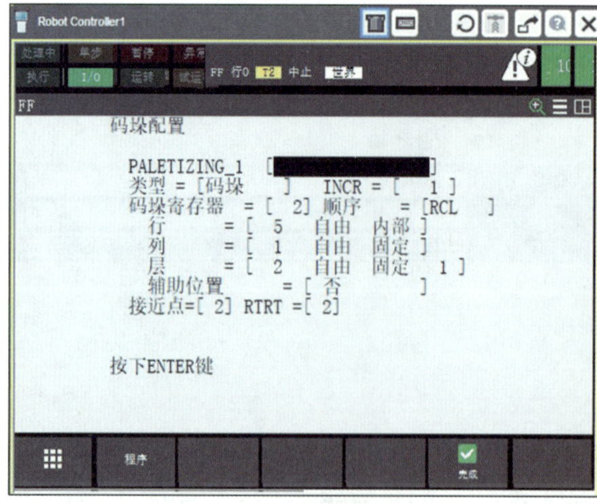

图 7-54　设置码垛配置参数

33. 双击料库平台主体，单击“蓝物料［1，1］”→“MoveTo”→“SHIFT”键→“记录”，将工业机器人移动到第 1 个放置点并记录，如图 7-55 所示。

34. 依次单击“蓝物料［2，1］”“蓝物料［3，1］”“蓝物料［4，1］”“蓝物料［5，1］”和“蓝物料［1，2］”，单击“MoveTo”→“SHIFT”键→“记录”，将工业机器人移动到第 2～第 6 个放置点并记录，如图 7-56 所示。

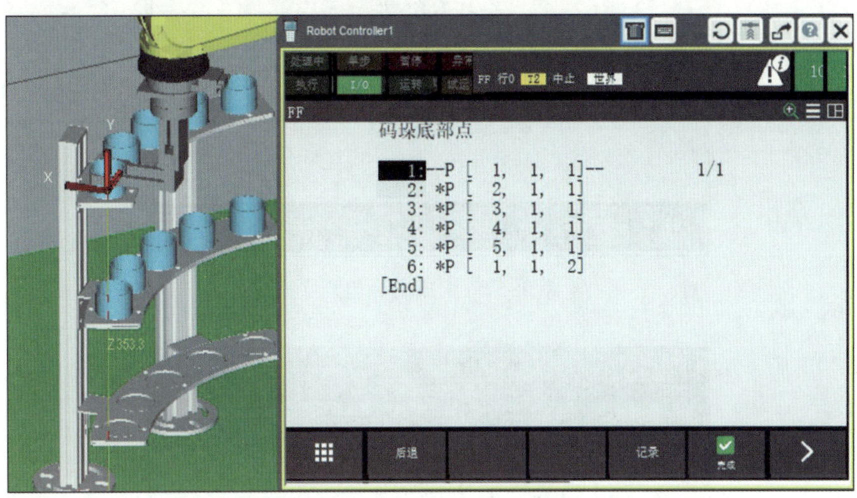

图 7-55　记录第 1 个放置位置

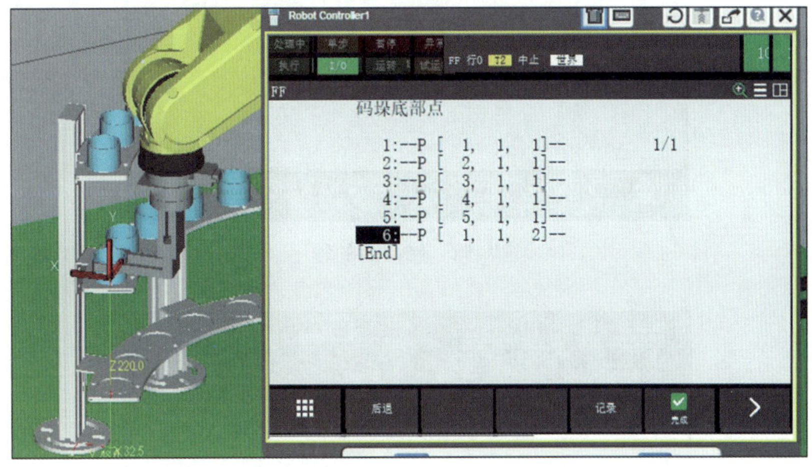

图 7-56　将工业机器人移动到第 2～第 6 个放置点并记录

35. 单击“完成”，修改 3 号放置点位置，单击“POSN”键，将当前位置 *Z* 轴数值增加 20。修改关节 2 和 4 的位置，将 *Y* 轴数值增加 100，再修改关节 1 和 5 的位置。

36. 单击“完成”后生成码垛包程序（见图 7-57），对程序进行修改，修改后的程序如图 7-58 所示。

37. 创建总程序，程序名为“WC”，具体程序指令如图 7-59 所示。

38. 单击循环启动按钮，工业机器人即可进行搬运和码垛作业。

Robot Controller1
TPIF-132 无法恢复该操作
TPIF-133 无法恢复该指令
100
FF
8/8
1: PALLETIZING-E_1
2:J PAL_1[A_2] 30% FINE
3:J PAL_1[A_1] 30% FINE
4:J PAL_1[BTM] 30% FINE
5:J PAL_1[R_1] 30% FINE
6:J PAL_1[R_2] 30% FINE
7: PALLETIZING-END_1
[End]

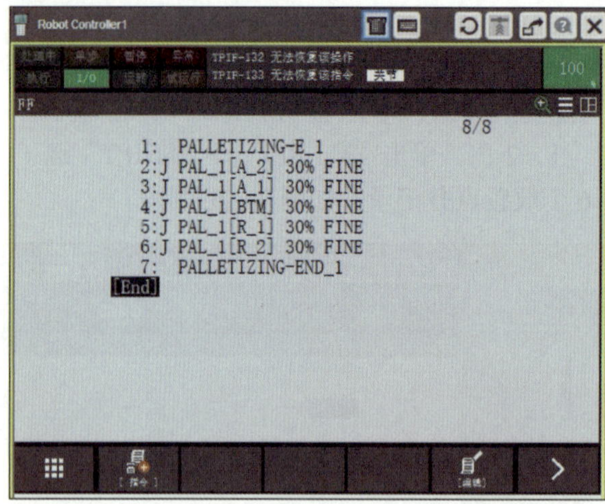

图 7–57　生成码垛包程序

Robot Controller1
TPIF-132 无法恢复该操作
TPIF-133 无法恢复该指令
100
FF
8/11
1: PALLETIZING-E_1
2:J PAL_1[A_2] 30% FINE
3:L PAL_1[A_1] 1200mm/sec FINE
4:L PAL_1[BTM] 1200mm/sec FINE
5: RO[3]=OFF
6: CALL FFFFF
7: WAIT 1.00(sec)
8:L PAL_1[R_1] 1200mm/sec FINE
9:L PAL_1[R_2] 1200mm/sec FINE
10: PALLETIZING-END_1
[End]

图 7–58　修改后的程序

Robot Controller1
100
WC
8/9
1: CALL NZ
2: PL[1]=[1,1,1]
3: PL[2]=[1,1,1]
4: FOR R[1]=1 TO 10
5: CALL NN
6: CALL FF
7: ENDFOR
8: CALL FZ
[End]

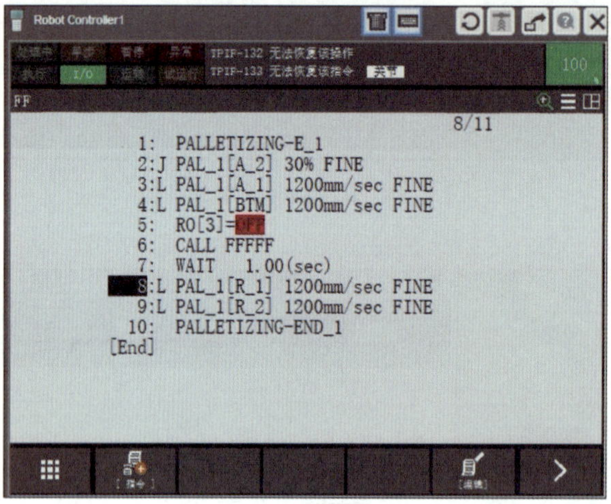

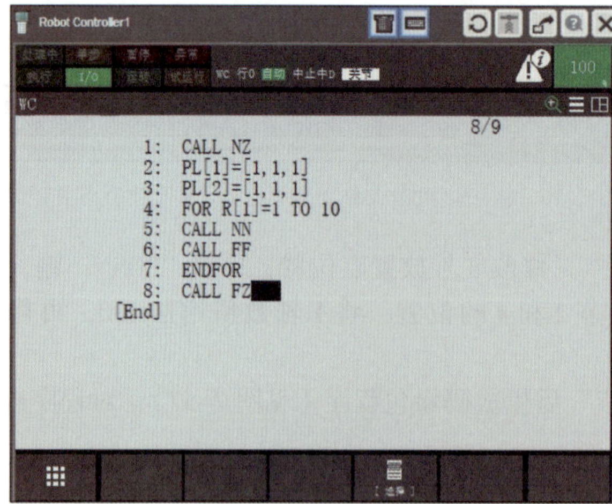

图 7–59　总程序

任务实施

一、分组并制订工作计划

查阅相关资料，了解任务实施的基本步骤，结合实际情况，制订小组工作计划，见表 7–1。

表 7–1　　小组工作计划

任务名称	目标要求	组员姓名	任务分工	备注
	1. 小组成员分工合作 2. 明确制订计划的方法与步骤 3. 完成生产任务			组长
完成任务的方法与步骤				

二、准备外围设备及工具

为完成工作任务，每个工作小组需要向工作站内仓库工作人员提供借用工具、设备清单，见表 7–2。

表 7–2　　借用工具、设备清单

序号	名称	型号规格	数量	归还时间	学生签名	管理员签名
1	编程计算机	CPU：I5 或以上 内存：2 GB 或以上 硬盘：剩余内存 20 GB 以上 显卡：独立显卡 操作系统：Windows7 或以上	1 套			
2	编程软件	ROBOGUIDE	1 套			
3	FANUC ROBOGUIDE 操作手册		1 本			

三、任务实施

根据任务要求，在 ROBOGUIDE 软件中进行码垛工业机器人工作单元的创建并完成码垛编程与仿真。记录运用 ROBOGUIDE 软件进行码垛工业机器人工作单元创建、码垛编程与仿真操作过程中遇到的问题，并提出解决方法，填入表 7–3。

表 7–3 码垛工业机器人工作单元创建、码垛编程与仿真操作练习情况记录表

遇到的问题	解决方法

想一想 练一练

根据任务实施中码好的垛型，运用本任务所学的知识，进行拆垛训练，将蓝物料放回原位置。在 ROBOGUIDE 软件中进行仿真验证后，再对程序进行实地验证。

任务测评

对任务实施的完成情况进行检查，并将结果填入表 7–4。

表 7–4 任务测评表

班级：＿＿＿＿＿ 小组：＿＿＿＿＿ 姓名：＿＿＿＿＿		指导教师：＿＿＿＿＿ 日期：＿＿＿＿＿				
评价项目	评价标准	评价依据	评价方式			得分小计
			学生自评（20%）	小组互评（30%）	教师评价（50%）	
职业素养（30 分）	1. 遵守企业规章制度、劳动纪律 2. 按时按质完成工作任务 3. 积极主动承担工作任务，勤学好问 4. 保障人身安全与设备安全 5. 工作岗位 6S 完成情况良好	1. 出勤情况 2. 工作态度 3. 劳动纪律 4. 团队协作精神				

续表

评价项目	评价标准	评价依据	评价方式			得分小计
			学生自评（20%）	小组互评（30%）	教师评价（50%）	
专业能力（50 分）	1. 能运用 ROBOGUIDE 软件完成码垛工业机器人工作单元的创建 2. 能运用 ROBOGUIDE 软件完成码垛编程及仿真	1. 操作的准确性和规范性 2. 专业技能任务完成情况				
创新能力（20 分）	1. 能在任务完成过程中提出有一定见解的方案 2. 能在教学或生产管理方面提出建议，具有创新性	1. 方案的可行性及意义 2. 建议的可行性				
合计